Sauvage !

La vraie nature du trafic d'animaux

Jérôme Pensu
avec Bertrand Ferrier

Sauvage !

La vraie nature du trafic d'animaux

Max Milo

À mes parents

www.maxmilo.com
ISBN : 978-2-31502-273-1

Préface

À l'évocation du « trafic d'animaux sauvages », toute personne non avertie pensera aux quelques clichés qui ont défrayé les médias : importation en fraude d'animaux exotiques rares, pour enrichir quelques contrebandiers et commanditaires, caisses ouvertes par les douanes à Orly, saisie de peaux de panthères des neiges à la frontière, etc. La réalité est tout autre, du moins est-elle plus complexe et beaucoup plus diverse.

Il existe un trafic ordinaire moins visible, plus chronique, qui passe sous les radars. L'industrie de la faune récréative a généré un univers insoupçonnable pour le profane qui n'a accès qu'au clinquant des spectacles, un univers avec ses gros groupes, ses protecteurs, ses fournisseurs, ses affranchis, ses petites mains, ses nettoyeurs, sa corruption active et passive.

Jérôme Pensu, avec l'efficacité et l'opiniâtreté d'une fourmi sous stéroïdes, une connaissance réglementaire encyclopédique et de solides connaissances en biologie des espèces, met en lumière, démontre, et démonte cet univers digne de Mario Puzo et Ettore Scola, et ne se contente pas d'imprécations et de supputations. En effet, chaque affirmation est étayée, chaque mise en cause s'appuie sur une preuve écrite. Il lui a fallu une somme de constance et d'abnégation inimaginable pour parvenir, contre vents et marées, à rassembler ces éléments et les publier. Impliqué dans la protection de la nature et de la faune dès son plus jeune âge, il a toujours été mû par une passion et une éthique exemplaire. Je l'ai connu à la fin des années 1990 et ai collaboré à la mise en place par lui d'un Centre de démazoutage pour oiseaux marins dans les Landes, lors de la marée noire du *Prestige*, en 2003. À l'époque, nous avons dû mettre quelques coups de pied dans les fourmilières de l'immobilisme, du favoritisme, du conflit d'intérêts et de la captation de fonds POLMAR pour parvenir à mettre en place cette unité de démazoutage, dont les résultats en termes de relâchers et de survie à long terme sont à ce jour inégalés en France. Ce premier combat commun, une vision partagée de la conservation de la faune et une même intolérance à l'injustice ont forgé une solide amitié et m'ont appris à connaître Jérôme.

Plutôt qu'une préface se contentant de contextualiser l'ouvrage qui suit, je souhaite avant tout rendre justice à l'homme dont l'engagement, la droiture, la passion, l'éthique et le professionnalisme ont toujours été constants. Ce sont ces mêmes qualités qui ont, au fil des années, provoqué à son encontre le déchaînement de ceux qui, privés de ces qualités et ayant en outre des intérêts occultes et illicites à défendre, se sont appliqués à entraver son action, à entacher sa réputation, tant il est vrai que l'honnêteté exaspère les malhonnêtes. Pour avoir été témoin d'une grande partie de cette guerre qui lui a été menée, j'ai pu mesurer, face aux moyens déployés, la taille des enjeux financiers et l'ampleur de la compromission de certains.

Diffamation, mise en cause abusive, garde à vue, invectives, black-listage, brimades administratives... d'autres que Jérôme auraient renoncé, face au mur élevé, et auraient préféré un peu plus de confort et de tranquillité.

Et puis... alors que tout paraissait fermé, et joué, un basculement semble se produire. Une telle constance dans l'action interpelle, provoque des interrogations, suscite l'émulation. Les lignes bougent : dans l'administration et les services, des fonctionnaires et des magistrats courageux refusent de fermer les yeux. Le consensus public sur la faune captive s'effrite, les langues se délient, le mal-être animal dans de nombreux établissements est révélé et décrié, l'urgence écologique et la nécessité vitale d'agir de façon visible et efficace pour la biodiversité s'imposent. De ce fait, les discours et habitudes du monde d'avant, la vision coloniale des parcs zoologiques, récemment grimés de conservation, tout cela perd de la crédibilité et devient obsolète face aux défis actuels. Néanmoins, comme tout système à l'agonie, ce monde de la captivité lucrative et récréative a des convulsions dangereuses, comme en témoigne l'arrêté du 8 octobre 2018, qui libéralise et facilite la détention d'animaux sauvages, extrêmement révélateur des interconnexions entre certains cercles élevés de l'administration et le *lobby* de la captivité.

Après le constat de Jérôme, le remède : le réensauvagement de la faune victime du trafic, la remise prioritairement en nature et, en cas d'impossibilité, en sanctuaire de la faune victime du trafic. Et faire en sorte que les animaux sortent du cercle vicieux de l'exploitation animale qui, jusqu'à une date récente, constituait la seule alternative. Le simple postulat de la remise en liberté de faune sauvage captive, pourtant basé sur de nombreuses réussites et des connaissances approfondies, est remis en cause par les tenants de la captivité, parce qu'il fait vaciller les bases de l'industrie de la captivité et rend visible l'imposture de l'alibi conservation et des animaux ambassadeurs, permettant la sensibilisation du public et une avancée de la protection.

Ce livre doit devenir la lecture de chevet de tout fonctionnaire en charge du contrôle et de toute personne sensible à la cause animale, à la conservation des espèces et à la dégradation de la biodiversité. Souhaitons en tout cas qu'il provoque un électrochoc salutaire !

Gilles Moyne
Directeur capacitaire du Centre Athénas

Avertissement : Afin de préserver la vie privée des personnes concernées, certains noms ont été modifiés. L'essence des événements reste fidèle à la réalité telle que je l'ai vécue.

Prélude

Zoo d'Amnéville. 15 h 30. Je viens de déposer trois rapaces issus du centre de soins Alca Torda que j'ai conçu et que je gère. Ces oiseaux, atteints de plusieurs pathologies, sont incapables de survivre dans la nature. J'avais deux solutions : l'euthanasie ou le placement dans un zoo. J'ai opté pour la seconde solution. Ce sera la dernière fois que je commettrai pareille erreur.

Pourtant, je n'ai pas choisi par hasard le zoo d'Amnéville. J'entretiens avec Michel Louis, son directeur, une relation d'assez longue date. J'aime son franc-parler et son côté non conventionnel, et j'ai en lui une grande confiance, jusqu'à preuve du contraire. Rare parmi ses pairs, Michel assume de ne pas être un sauveur de la faune. Il se décrit comme un présentateur d'animaux. Il revendique cependant de le faire du mieux possible, avec un amour sincère de la faune sauvage ; en échange de quoi, chaque année, il affirme signer un chèque de 500 000 € en faveur de la conservation. On lui doit entre autres le financement pendant des années de Kalaweit, un des grands projets de protection et de conservation *in situ* des Gibbons et Siamangs.

J'aime bien ce gars, avec qui je peux être à la fois en désaccord et en accord, sans que ces divergences engendrent des guerres de tranchées. Je ne suis pas dupe des conséquences du *business* sur les animaux, mais j'aime que ce directeur de zoo ne se serve pas du prétexte de la conservation pour justifier son fonds de commerce.

Après avoir déposé les animaux dans la volière, je retrouve Michel dans son bureau. Café, amabilités, cigarette, échange de nouvelles, tout se passe bien. Jusqu'à ce que du tiroir de son bureau, l'homme sorte un carnet de chèques. Interloqué, je lui demande ce qu'il fabrique.

— Ben j'te fais un chèque pour les oiseaux! me lâche-t-il sur le ton de l'évidence.

Les yeux ronds, je balbutie :

— Mais... mais c'est hors de question!

— Pourquoi?

— Michel, je viens de te remettre des animaux sauvages.

— Je sais.

— Des animaux qui viennent de la nature.

— Et?

— Ils ne sont pas commercialisables!

— Non, d'accord, je ne te les achète pas, mais, toi et moi, on sait combien ça vaut.

— Euh... pas moi, non.

— Bah, là, au bas mot, un vautour fauve et deux circaètes Jean-le-Blanc, y en a pour environ quinze mille euros.

Je comprends que, pour un commerçant, un animal sauvage a une valeur marchande, mais je n'hésite pas une seconde :

— Michel, je te remercie, mais tu les gardes, tes quinze mille euros.

— Mais pourquoi? s'insurge-t-il.

— Imagine! J'arrive demain avec de nouveaux spécimens qui ne sont pas vraiment imprégnés, mais dont je te dis qu'ils le sont. J'empocherai à nouveau mes quinze mille boules?

— Évidemment.

— À quel moment tu penses qu'on ne déborde pas?

Ses yeux s'ouvrent comme des soucoupes. Le mec est un commerçant, pas un truand. Il vient de percuter.

— Putain, Jérôme, t'es en train de me dire que ça marche comme ça ?

— Bien sûr ! Tu crois que c'est facile de résister à l'appel de quinze mille euros ? Même si le mec est honnête, il peut les accepter pour de très bonnes raisons, comme reconstruire une volière ou sauver un centre en difficulté. N'empêche, c'est bien de vente illégale - donc de trafic - qu'il s'agit...

Devant l'étonnement de Michel, je me dis que, soit il mérite l'Oscar du meilleur acteur, soit personne n'a jamais dû lui tenir ce langage. Et pour cause ! Dans un monde idéal et honnête, quand j'ai des animaux non relâchables que je dois euthanasier, je pourrais les amener dans un zoo qui, sachant qu'il va en tirer bénéfice, me rétrocèdera une compensation ou fera un don pour ma structure. La transaction ne choquerait personne. Dans la réalité, ce type d'échanges permet de transformer la faune sauvage en marchandise et de détenir en captivité des animaux protégés, interdits de capture et de commercialisation.

Tel est le *business model* qui unit de nombreux centres de soins et des zoos. C'est un délit. Ça s'appelle du trafic, c'est-à-dire une transaction commerciale illégale, ou déguisée, sur des espèces animales dont la capture en vue du commerce est interdite.

Le trafic de la faune sauvage, émanation illégale d'un commerce légal, repose sur une industrie de la captivité toujours en demande d'animaux pour alimenter leur *business*. Moins médiatisé que le *deal* de stupéfiants ou les ventes d'armes, le trafic d'animaux sauvages est l'un de ceux qui, en France, rapportent le plus. Il représente plusieurs dizaines de millions d'euros chaque année. Loin de se cacher, les trafiquants ont pignon sur rue. Ce sont des élevages d'oiseaux exotiques, des zoos, et parfois même des centres de soins, des ONG qui tirent bénéfice de ce contre quoi elles sont censées lutter. Leurs meilleurs boucliers ?

- L'administration française ;
- les *lobbies* ;
- et le mensonge.

J'exonèrerai les *lobbies* de tout reproche. Leur rôle est de plaider en faveur d'une industrie mortifère à la fois pour les animaux et pour la planète, donc pour l'espèce humaine. Le problème est qu'ils trouvent des interlocuteurs prompts à se laisser convaincre… notamment dans l'administration qui, depuis longtemps, a pris les rênes du pays. Et les hommes politiques ? Supposés être responsables de la santé écologique de notre pays, ils ne sont même pas complices de la situation, c'est pire : à de rares exceptions près, ils ne savent pas le rôle prépondérant qu'ils jouent dans ce drame. Les yeux fermés, ils signent des textes de loi, laissent publier des arrêtés, participent à des symposiums, organisent des conférences. En d'autres termes, ils font là où leur administration leur dit de faire. De la sorte, ils éradiquent des espèces inestimables tout en bafouant les lois internationales. En avalant et en régurgitant des discours trompeurs à destination du grand public, en se pavanant dans de gros zoos devant les caméras, ils incitent à l'importation et à la marchandisation de la faune, en ayant l'impression de mener une politique environnementale louable et de remplir leur mission de décideurs politiques au service du bien public.

*

Pour moi, écrire un livre sur ce sujet n'a jamais été un objectif. Mais comment y échapper ? À maintes reprises, j'ai essayé d'attirer l'attention des journalistes sur l'ampleur du trafic et l'implication des agents de l'État dans ce scandale. J'ai rencontré de nombreux journalistes, et exposé longuement mes observations sans parvenir à secouer le cocotier comme je l'espérais. Je ne comprenais pas pourquoi, jusqu'à ce que Laure Noualhat, alors journaliste à *Libération*, me dise : « Ton histoire, elle ne peut pas tenir dans un papier. Elle ne peut même pas tenir dans un dossier spécial. Pourquoi tu n'écris pas un livre ? »

Écrire ne me fait ni fantasmer ni trembler. J'ai écrit de nombreux rapports, de nombreuses études et de nombreuses expertises. Un livre, jamais. Je me décide aujourd'hui à m'y mettre, car j'ai le sentiment de ne pas avoir le choix si je veux :

- rester cohérent avec moi-même ;
- alerter les politiques, coupables à défaut d'être responsables ;
- dénoncer les méthodes impitoyables des trafiquants et les conséquences dramatiques de leur *business* ;
- et pour dire à chaque lecteur : « Peut-être êtes-vous client d'animaleries qui vendent des animaux exotiques. Peut-être même avez-vous des animaux sauvages chez vous, et pensez-vous qu'ils ont de la chance d'être sous votre protection. Peut-être visitez-vous des zoos. Ne craignez pas de critiques ou de leçons de morale, ce n'est pas le projet ! Simplement, si vous vous êtes reconnu ou si vous avez reconnu des proches dans ces portraits, osez lire les pages qui suivent. Vous comprendrez quel trafic épouvantable ces choix – en apparence innocents – font prospérer ».

Ce livre vient de ce sentiment de nécessité et de devoir d'information. Il vient aussi de l'urgence de la situation actuelle. Je ne peux plus taire ma colère, celle d'un gars qui a consacré sa vie à la protection de la faune sauvage et qui, chaque jour, assiste quasi impuissant à l'impunité de ceux qui l'ont transformé en un *business* très lucratif. Partant du principe que celui qui sait et qui se tait est complice, j'ai décidé de raconter.

L'objet n'est ni de tirer tous azimuts ni de mettre tout le monde dans le même sac au risque d'alimenter le sentiment du « tous pourris ». Ma colère ne m'ôte ni ma lucidité ni mon objectivité. Je ne suis ni aigri ni atteint de fanatisme écolodogmatique. En revanche, la révolte qui m'anime et me pousse à écrire puise dans trois idées :

- les trafiquants, petits ou gros, abîment, voire détruisent notre patrimoine commun ;
- grâce à une puissance de désinformation hallucinante, ces trafiquants rendent des millions de Français complices des destructions d'écosystèmes et de la biodiversité ;
- or la conséquence de cette exploitation a des répercussions dramatiques pour l'homme, qui dépend directement de l'équilibre des écosystèmes gravement mis en danger par le trafic.

Le constat que j'ai fait et que j'expose dans ce livre à cœur ouvert, documents et preuves incontestables à l'appui, est abasourdissant. Voilà trente ans que la réglementation est détricotée par de hauts fonctionnaires au profit des *lobbies* de l'industrie de la captivité. La police de l'environnement est vérolée par les mêmes *lobbies* qui défendent éleveurs, importateurs et patrons de zoos ; le contrôle de l'industrie de la captivité animale est gangréné par la mauvaise volonté étatique qu'illustre, voire nourrit le manque de moyens et de compétences ; les sanctions sont quasi inexistantes ou sans mesure avec l'infraction, si bien que les derniers cadres en vigueur sont frappés d'inefficacité.

Dans ce livre, je raconte mon histoire, celle d'un gamin fou d'oiseaux devenu, contre toute attente, expert de la lutte contre le trafic de la faune sauvage. Je vais expliquer comment, pour avoir voulu défendre une cause et m'être opposé à des trafiquants, je suis passé, en moins de temps qu'il ne faut pour le dire, du statut d'expert (parfois judiciaire) « faune sauvage captive », membre de la commission du même nom, formateur de la police de l'environnement, au statut de gardé à vue inscrit au TAJ, tableau des antécédents judiciaires.

Aujourd'hui, je suis à la fois triste et consterné par la situation catastrophique dans laquelle nous nous trouvons.

Je suis épouvanté par l'importance quantitative et structurelle du trafic hexagonal, en grande partie dopé par la complicité de l'administration ou de certaines associations, et totalement ignorée par les autorités politiques.

Mais je suis effrayé aussi par la disparition d'espèces animales et par la destruction des écosystèmes.

C'est pourquoi partant de ce vécu subjectif et de ces constats objectifs, je raconte comment il est encore possible de changer le cours de l'Histoire, même si ce sera très compliqué, et même si parfois face à l'ampleur du problème, j'y crois de moins en moins.

En réalité, à travers ce récit, ce n'est pas que mon histoire que je raconte.

La gravité de la situation doit stimuler notre désir de changement. Pour ma part, chaque matin, je suis aussi décidé et combattif qu'au premier jour. Je ne lâche ni ne lâcherai jamais rien ; et j'aime à penser ne pas être le seul dans ce cas.

En somme, avec cet ouvrage, je veux aider à comprendre :

- pourquoi nous sommes tous pour partie responsables de l'état de notre planète, pour nous et pour les générations à venir (« on n'hérite pas du monde de nos parents, on l'emprunte à nos enfants », selon une citation parfois attribuée à Antoine de Saint-Exupéry) ;
- combien certains mécanismes et certains intérêts la fragilisent ;
- et, surtout, surtout, comment chacun de nous peut agir concrètement, ne serait-ce qu'à l'échelle individuelle et en tant que citoyen, pour refuser l'inéluctable disparition – de moins en moins lente et de plus en plus dramatique – de la faune sauvage, afin de contribuer avec succès à sa préservation.

J'espère également que ce livre apportera une pierre à l'édifice et servira de preuve pour que ceux, qui ont commis tous les méfaits racontés, soient démis de leurs fonctions et que la mafia permettant le trafic via l'administration du ministère de l'Écologie soit démantelée, et que ces acteurs soient démasqués, sinon... Il n'aura servi à rien !

1.
Des poussins dans le tiroir

Parfois, les destins sont des évidences. Certains deviennent médecins, gendarmes ou ouvriers comme papa, grand-papa et arrière grand-papa ; d'autres reprennent le flambeau d'une exploitation agricole ou industrielle afin de pérenniser un capital, une tradition et un mode de vie familial. Accomplissement ou fatalité, ces orientations semblent s'imposer d'elles-mêmes. À l'inverse, il n'était pas écrit que je mettrais ma vie au service de la faune sauvage, loin de là ! Je ne suis pas né dans la savane, mes parents ne soignaient pas des hippopotames et, je dois l'avouer, je n'ai pas été recueilli par des loups après avoir été abandonné dans la forêt un soir d'hiver. En revanche, j'ai été grandement influencé par des séries animées comme *Les mystérieuses cités d'Or*, *Heidi*, *Daktari* et *Goldorack*, où faune sauvage, grands espaces, justice et justiciers ont sans nul doute orienté mes choix et mon goût prononcé pour tout ce qui touche à la nature, aux animaux et au respect du droit.

Pour ce livre, j'ai essayé avec grande difficulté de déterminer précisément le moment où j'ai compris quelle route je devais emprunter. Tout a basculé le jour où ma route a croisé celle d'un goéland blessé.

*

Été 1984. J'ai quinze ans.

Vers dix-sept heures, après une journée sur la plage au soleil du sud de la France, avec les deux cousins de ma petite amie de l'époque, nous repérons un goéland au bord de l'eau. Son comportement laisse à penser qu'il est en détresse. Il a une aile qui pend et un fil de pêche qui dépasse du bec.

N'importe quel gamin de mon âge n'aurait sans doute pas prêté attention à la scène, mais, face à un animal blessé, il m'est impossible de détourner le regard. Après un rabattage stratégique, nous réussissons – non sans mal – à attraper l'individu. Au premier examen du goéland peu coopératif, je décide à l'instinct d'immobiliser l'aile avec un bandage, afin qu'il retrouve un port normal. Je n'ai aucune notion des conséquences médicales de cette immobilisation, mais décide de garder l'animal 24 heures au calme, dans le garage, le temps d'inventer une solution pour l'hameçon. C'est surtout ça qui me soucie. Je ne suis pas vétérinaire, donc j'imagine que le crochet est planté au plus profond des viscères de l'animal. Je passe une nuit quasi blanche à chercher *la* bonne idée. Alors que les premiers rayons du soleil passent au travers des volets de ma chambre, je prends ma décision : il faut opérer.

Au petit déjeuner, j'annonce la couleur. Mes cousins sont sceptiques. Pourtant, mon plan d'attaque est clair. Le voisin nous fournira l'éther nécessaire à l'anesthésie. Grâce à mon sens du bricolage, j'improvise un scalpel avec une lame de rasoir coupée en deux et montée sur un morceau de bois. L'éther est abondamment versé sur un linge dont nous entourons le bec de l'animal jusqu'à ce qu'il s'endorme. Une simple traction exercée sur le fil de pêche dévoile l'incroyable capacité de déploiement de la gorge. En réalité, c'est logique puisque le goéland est capable d'ingurgiter de grosses proies en les gobant. La gorge étirée de l'oiseau laisse apparaître l'hameçon simplement planté sous une fine peau, juste à côté de la trachée. La situation est moins pire que je ne l'avais envisagée.

D'un seul coup, la pression que je m'étais mise disparaît. J'incise très légèrement la peau sur laquelle est accroché l'hameçon. Avec la plus grande délicatesse, je parviens à extirper le bout de métal. Une demi-heure plus tard, l'oiseau ouvre les yeux. Nous le garderons à l'abri pour la durée de nos vacances. Il deviendra la mascotte de la maison. À la fin de notre séjour, son aile est rétablie. Nous le regardons s'envoler et disparaître. Notre succès nous remplit de joie. Que c'est bon de se sentir utile ! Très clairement, à ce moment-là, je me dis : « Voilà ce que je veux faire dans ma vie, c'est ça ma place ». Bien sûr, rien n'est joué. J'aimerais bien devenir véto, mais j'ai une aversion absolue pour tout ce qui touche aux études. Alors, quel cursus pourrais-je suivre pour m'occuper des animaux sauvages ? Aucune idée, mais l'intuition et l'envie sont là. Elles ne me quitteront plus.

*

Cet événement clef n'arrive pas par hasard. Aussi loin que mes souvenirs m'entraînent, j'ai toujours aimé les oiseaux. Derrière les vitres de notre pavillon de banlieue, je pouvais rester des heures à les guetter. Au fond du jardin, mon père m'a aidé à construire mangeoire et nichoir qui me servent de site d'observation. Avec mes yeux d'enfant, j'adore observer cette faune ailée. Je m'étonne de leurs couleurs. J'envie leur apparente liberté. J'apprécie leur vivacité. Je suis fasciné par un truc tout bête, mais tellement extraordinaire : ILS VOLENT ! Je ne me lasse pas d'admirer ce phénomène. Avec le peu d'ouvrages ornithologiques disponibles dans la bibliothèque de mes parents, j'apprends à identifier les différentes espèces, et je me renseigne sur leur régime alimentaire et leurs mœurs. Ma curiosité est devenue une passion.

En plus des oiseaux européens, j'aime particulièrement les oiseaux exotiques - leur plumage chamarré, la variété de leurs modes de vie, leur incroyable diversité - sans comprendre comment des animaux vivant si loin peuvent arriver jusqu'à nous. Cependant, les oiseaux ne sont pas les seuls à me remplir de joie : j'aime tous les animaux. Sans nul doute, un homme a contribué à développer cet amour : mon grand-père maternel. Il était médecin et, de son propre aveu, regrettait d'avoir été «trop feignant» pour devenir vétérinaire, car, à son époque, les études pour accéder à ce titre nécessitaient un an de plus que celles qui permettaient d'exercer la médecine. Je jouis inéluctablement d'un statut très privilégié à ses yeux. Il avait rêvé d'avoir un garçon, mais a eu cinq filles qu'il a aidé à mettre au monde en bon médecin de campagne. Quand ma sœur, première des dix petits-enfants, a vu le jour, une petite voix lui a soufflé : « Encore une fille ! »

Étant le premier garçon de la famille, de surcroit né de ses mains, j'ai conscience d'avoir été un rien privilégié, enfin avant d'être détrôné par les sept autres. Du coup, lors de mes vacances vendéennes, il m'emmène dans les fermes qu'il visite au cours de ses tournées. Pendant qu'il soigne ses patients, je reste dans la cour avec les animaux. Ma passion pour l'animal se nourrit de ces moments où je traîne dans ces modestes exploitations agricoles. À force d'observer et d'être en contact avec les espèces que je côtoie, je m'imprègne du monde animal. À chacune de ces expériences, ma fascination grandit. Imaginez ce que peut représenter une vache et un cheval dans les yeux d'un petit garçon de cinq ans qui les trouve gigantesques et tellement attirants... Au gré des vacances, j'affine mes connaissances avec les livres que possède mon grand-père et, des années plus tard, avec ceux que je m'achète grâce à l'argent gagné en lavant les voitures de notre résidence. Il aura fallu que j'en lave, des voitures, pour parfaire sans relâche mes connaissances et alimenter mon envie quasi obsessionnelle d'être avec des animaux et de les aider !

*

En réfléchissant à la genèse de cette passion pour les oiseaux, je me souviens aussi que, chaque année, mon père m'emmenait au Salon de l'agriculture. Il y tient un stand pour le compte de la société Alibert pour laquelle il travaille. C'est mon bol d'air de l'année. J'attends ce moment avec impatience. Nous sommes en 1979. Du haut de mes dix ans, je parcours les allées de ce qui se fait, encore aujourd'hui, appeler la plus grande ferme de France. Je suis en admiration devant des maisons d'élevage qui, à l'époque, dans ma naïveté, me font rêver, notamment Phénix Gibier et la Ferme de Beaumont. J'admire pour la première fois des canards exotiques, des autruches, des faisans et des perroquets.

À la fin d'un de ces salons, je réussis ce qui est pour moi un tour de force. Contre un bac Alibert, récupéré sur le stand de mon père, j'obtiens dix poussins d'un jour auprès d'un fabricant de lampes chauffantes. Après la fête, leur destinée était sans doute la mort. L'exploit ne réside pas dans la négociation avec l'exposant, plutôt dans le fait que je réussis à convaincre mon père d'accepter que je ramène ma meute de poussins à la maison. Je suis aux anges. Mon père moins. Il m'avouera n'avoir accepté que parce qu'il était persuadé que mes protégés seraient morts au bout de 24 h.

Aucune chance : je mets tout mon cœur dans ce sauvetage. J'élève les oisillons dans les tiroirs de mon bureau d'abord, dans le garage ensuite. Au grand dam de mon père, aucun ne périt. Tous grandissent en bonne santé. Je n'ai le droit d'en garder que deux, car ce sont tous des mâles. Les voisins verraient sans doute d'un mauvais œil un réveil cacophonique engendré par cet élevage improvisé. Ils sont longtemps restés mes animaux de compagnie. À l'époque, j'imagine qu'aimer un animal, c'est le posséder. En étudiant les animaux sauvages et en les comprenant mieux, j'apprendrai que non, pas forcément. Selon les espèces, ce peut même être tout le contraire.

2.
La loi de la nature

Un an avant de devenir le chirurgien pour goéland le plus éphémère - mais pas le moins efficace ! - de l'humanité, j'ai commencé une carrière de soigneur pour canards exotiques. En 1983, mes parents, ma sœur, mon frère et moi vivons en Île-de-France, dans un lotissement de quelque sept cents pavillons édifiés en lieu et place d'une ancienne zone humide. De toute évidence, ces constructions ne seraient plus autorisées aujourd'hui au regard de l'importance environnementale de la zone détruite pour construire ces logements. Pour drainer le site, le promoteur a créé un lac artificiel au centre duquel trône une île.

Le lac est un lieu d'accueil pour des canards sauvages, et un terrain de jeux extraordinaire pour moi. Deux copropriétaires ont décidé de compléter ce décor naturel en achetant des canards exotiques sur les fonds alloués par la copropriété. Se côtoient alors canards autochtones, bernaches nonnettes, oies des moissons, dendrocygnes veufs et même cygnes noirs d'Australie. Certains hivers, le lac gèle si fort que les habitants de la résidence se retrouvent sur la glace et, telle une armée de Jésus-Christ, marchent sur l'eau. Il ne reste aux oiseaux qu'une toute petite parcelle d'eau courante, là où le canal d'alimentation crée assez de remous pour que l'eau reste en mouvement.

Entre le froid et le manque de nourriture, plusieurs individus me semblent très mal en point. Ils montent sur les berges où ils demeurent, bec dans le plumage et tremblants. Dans leur milieu d'origine, ces animaux se nourrissent d'herbe, de plantes aquatiques et de petits gastéropodes d'eau. Ici, l'hiver est rude, ils n'ont donc rien à manger. Sans comprendre la détresse que vivent les oiseaux, les habitants sont ravis de pouvoir, pour une fois, les approcher alors que, le reste du temps, ils se contentent de les apercevoir au loin. Le drame des uns devient une distraction pour les autres.

Cet hiver glacial cristallise ma passion pour les oiseaux sauvages et mon envie d'agir. Mon instinct m'ordonne d'intervenir, et en urgence. J'ai toujours été un enfant timide, limite introverti. Néanmoins, quand il s'agit de défendre une cause, je trouve les ressources nécessaires pour arriver à mes fins. Je prends donc mon courage à deux mains pour aller négocier auprès de la copropriété l'accès à un vieux hangar à bateaux, et j'entame une campagne de capture pour mettre les oiseaux à l'abri. C'est une grande première pour moi. Grâce à mon instinct, mon sens de l'observation et ma vivacité de gamin, les oiseaux sont capturés, mis à l'abri et nourris. Ils y resteront jusqu'à la fin de la vague de froid.

À l'échelle du lotissement, je deviens, sinon célèbre, du moins identifié comme « le garçon qui s'occupe des oiseaux ». Au point que, quelque temps plus tard, ayant entendu parler de moi, les pompiers du village viennent frapper à la porte de la maison : ils auraient besoin d'un gars qui connaisse un peu les oiseaux afin de les aider à dégager un cygne qui leur est signalé comme pris dans les glaces. Ce sera ma première intervention en tant qu'assistant d'une autorité en uniforme, mais surtout un apprentissage de plus. En guise de cygne prisonnier des éléments, on a surtout affaire à un oiseau affaibli par l'hiver et juste posé sur la glace. Je me retrouve embarqué dans le bateau des pompiers, posé sur l'eau gelée et tiré par plusieurs d'entre eux tel le traîneau du père Noël. Je dois avouer avoir ressenti une certaine fierté. Que ceux, qui par leur uniforme représentant l'autorité, fassent appel à moi pour les assister me donne un sentiment de reconnaissance qui accentue ma motivation

Pourtant, mes connaissances restent limitées, et je vais en avoir violemment la démonstration. Le cygne sera attrapé sans difficulté, mais avec une grande précaution quant au danger que représente le bec, pensais-je bêtement. Mais sur le chemin du retour vers le hangar, mon bras qui encerclait le corps de l'oiseau en détresse montre des signes de faiblesse au regard de la taille et du poids de l'animal. Il en profite pour dégager son aile gauche. C'est entouré des pompiers que je me suis réveillé avec une belle bosse sur le crâne. Le cygne, dans un violent coup d'aile pour se dégager de mon emprise, m'avait simplement assommé. Le danger, chez un oiseau de cette taille, c'est l'aile et non le bec, une leçon de plus que je ne suis pas près d'oublier.

*

Le lac devient mon terrain d'apprentissage ; les oiseaux sont mes compagnons préférés. Dès que j'ai fini l'école, je file vérifier si les canards sont là, si les oies ont assez de nourriture, si des œufs ont éclos. Avec des complices, bravant l'interdiction formelle de nous aventurer sur l'eau, nous gagnons l'île artificielle pour fabriquer des nichoirs permettant aux canes de se poser à l'abri des rats. Nous avons le sentiment de faire non pas le bien, mais ce qui doit être fait.

Tout le monde ne partage pas notre conviction. J'ai quatorze ans quand j'affronte mes premiers adversaires et, à travers eux, les sujets épineux qui accompagneront l'ensemble de ma vie au service de la faune sauvage. Pour inaugurer le bal des fâcheux, deux femmes entrent en scène. Ce sont elles qui ont plaidé pour l'acquisition des canards exotiques du lac, et elles fulminent en me voyant m'activer autour d'eux. Elles viennent voir mes parents, se plaignent, exigent, tempêtent et menacent. Selon elles, il ne faut surtout pas intervenir. Les canards sont assez grands pour se débrouiller seuls. Comment font-ils dans la nature ? Ils n'ont pas besoin de nous, ce sont des canards !

L'argument démontre qu'elles n'y connaissent rien. Évidemment que les canards locaux sont génétiquement préparés à la vie qui les attend ! Mais quand tu lâches des animaux exotiques dans un milieu indigène, il est tout aussi évident qu'ils n'y sont pas adaptés. « Dans la nature », deux solutions : ou bien ces animaux vivent sous des contrées au climat parfois tropical, les mettant à l'abri des aléas climatiques ; ou bien ils sont migrateurs, justement pour s'extraire des problématiques climatiques et alimentaires. Quand le gel frappe, les canards exotiques ne peuvent pas survivre sans un p'tit coup de main, c'est comme ça ; et, que ça plaise ou non à nos voisines, je n'ai pas l'intention de laisser mourir des animaux… d'autant qu'ils souffrent d'un handicap supplémentaire : eux ont peu de chance de migrer, car ils ont été mutilés afin que nous ayons le plaisir de les garder à disposition pour les contempler.

C'est une sinistre habitude. La majorité des oiseaux d'eau – que ce soit dans les parcs, les zoos ou chez les particuliers – sont amputés dès leurs premiers jours. Quand on cherche à camoufler cette amputation, on emploie un mot beaucoup plus doux, beaucoup plus hypocrite que « mutiler » ou « amputer » : on dit que les oiseaux ont été éjointés. En clair, on leur coupe « la main », c'est-à-dire l'extrémité de l'aile. Autrement dit, on les mutile. L'amputation n'est pas une fatalité. Sur une aile, les premières rémiges primaires permettent de voler, les autres servent à planer. Au lieu de couper une partie de l'aile pour garder les oiseaux dans un espace donné, on peut les « rémiger », c'est-à-dire couper les plumes du vol. L'exercice est aussi indolore pour l'animal qu'une coupe de cheveux pour un humain. Puisque les rémiges repoussent, l'opération doit être renouvelée deux fois par an. De sorte que, pour être tranquilles, si les scrupules ne vous étouffent pas, vous coupez la main de l'animal, là où sont fixées les plumes de la liberté, et vous êtes sûr que le canard ne vous quittera plus jamais.

*

C'est ainsi que, à tâtons, je me confronte aux premiers éléments d'une réflexion sur l'éthique du soin et de la détention animale. Je commence à comprendre que l'homme qui s'occupe d'animaux sauvages devrait toujours se rappeler ce mantra qui dit que, « avec de grands pouvoirs viennent de grandes responsabilités ». Avec les canards de la copropriété, je développe une proximité raisonnable. En ce sens, je les ai apprivoisés. À force de leur apporter à manger, ils acceptent ma présence. Pour un gamin, cette marque de confiance venant d'un oiseau facilement effarouché, c'est un vrai régal ! Tout à ma joie, je n'ai pas conscience de la voie dangereuse que j'emprunte : il n'est jamais bon d'apprivoiser un animal sauvage, fait pour la liberté. Souvent, le désir d'apprivoisement part d'un beau sentiment où se mêlent affection et désir de protection. Hélas, il a sa face sombre. C'est aussi un désir de possession. Or rien ne nourrit davantage le trafic que le désir de possession.

Ce désir et cet instinct de possession, les trafiquants le flattent et l'excitent. Mais, le plus étonnant est qu'il anime aussi une nouvelle génération d'animalistes écolos. Eux tolèrent la captivité sous prétexte qu'un animal sauvage est en danger dans la nature, surtout quand il risque d'être une proie. Pour eux, quand on relâche un animal, on augmente ses risques de mort violente. C'est un fait *et* c'est la nature, aussi belle que dangereuse, violente et impitoyable. On ne peut pas défendre la nature sans accepter cela.

Ainsi, en me remémorant cet hiver, le Jérôme Pensu que je suis devenu constate à la fois ma constance dans le respect de l'animal et mon évolution dans mon rapport à lui. Aujourd'hui, je peux l'écrire, je n'aime pas l'animal au singulier. J'aime les animaux. Par extension, je ne protège pas les individus, mais les espèces, et ça a son importance.

Par conséquent, j'estime que si l'homme doit intervenir afin de compenser *a minima* l'impact de ses activités, il doit aussi respecter l'organisation naturelle, et non s'y substituer. Telle est ma ligne de conduite à laquelle, malgré mille pressions, je compte bien ne jamais déroger.

3.
Le rêve du flamant rose

Une relation est belle quand elle est réciproque. Celle qui me lie aux animaux sauvages est de celles-là. Malgré mes erreurs de débutant, je pense les avoir aidés dès mon adolescence ; en retour, les animaux m'ont aidé, car, à l'école, je ne rame plus, je coule. Mes parents sont inquiets. C'est compréhensible. Mon père est issu d'un milieu ouvrier. Il arrive à la fin de sa carrière après avoir gravi de très nombreux échelons. À force de s'investir dans son travail, parfois au détriment de la vie de famille, il est devenu le numéro trois de l'entreprise qui l'emploie. Il a travaillé comme un fou et galéré tout autant pour mettre sa famille à l'abri du besoin. Cela explique la pression qu'il met à ses enfants pour qu'ils réussissent dans la vie. Hélas, gagner de l'argent, fonder une famille, me préparer une belle retraite, être respecté pour ce que j'aurai accumulé, loin de me motiver, ces perspectives glissent sur moi comme l'eau sur les plumes d'un canard. Réussir dans la vie, je m'en fiche ; je veux réussir ma vie. Ça passe obligatoirement par les animaux. Mais comment transformer une passion en profession ?

J'aime les animaux depuis toujours. J'ai élevé des poussins, des souris et des pigeons paons. J'ai eu le droit d'avoir un aquarium qui me captivait. Il était devenu ma télévision ! Pendant des heures, je regardais les poissons nager, manger et évoluer dans cet environnement que je voulais le plus naturel possible. Déjà à l'âge de cinq ans, ma marraine m'avait demandé ce que je voudrais faire plus tard.

— Agriculteur, avais-je répondu, liant l'agriculture à l'animal.

— Bah, t'as le temps de changer d'avis ! avait-elle conclu en rigolant.

Pourtant, des années plus tard, à cause de mon penchant pour les animaux, et en raison d'un niveau scolaire de plus en plus chaotique, on me conseille de m'orienter vers un cursus professionnel dans le domaine de l'agriculture. Mes parents ne sont pas enthousiastes, mais ils sont attachés à ce que je réussisse dans un domaine qui me plaît. Le problème est que je ne suis pas très enthousiaste, moi non plus. J'ai l'intuition que la filière ne va pas me convenir. En 1984, le « BTSA GNP » (brevet de technicien supérieur agricole en gestion et protection de la nature) n'existe pas. Néanmoins, nous nous mettons en quête d'un établissement qui pourrait me convenir. J'ai fixé une ligne rouge : je ne veux pas m'engager dans une filière où l'animal que j'ai élevé termine à la boucherie.

Je me souviens de ce jour de juillet où nous avons rendez-vous dans l'un des nombreux établissements à visiter pour trouver celui qui me conviendra. C'est un grand collège agricole installé au milieu de la Beauce. Pour gagner le bureau du directeur, il faut traverser un très, très long couloir avec d'immenses vitrines bourrées d'oiseaux empaillés. L'homme qui nous reçoit est sceptique sur mon projet. En effet, mes parents ne sont pas agriculteurs ; je ne vis pas dans une ferme ; devenir éleveur exigerait de moi un CAP + un BEP + des investissements financiers considérables. Après avoir égrené ces encouragements, il me demande :

— D'ailleurs, que voulez-vous élever, jeune homme ?

— Ça, lui dis-je sans hésiter, en désignant derrière lui un flamant rose empaillé dans une des vitrines de son bureau.

Le type se retourne, opine du chef et, avec un léger haussement d'épaules, lâche à mon père :

— Bon, donc, au moins, c'est clair : je ne peux rien pour votre fils.

Quand nous sortons de l'établissement, mes parents sont sous le choc.

— Des flamants roses ! me lance mon père, ne sachant s'il doit prendre ma sortie pour une énième lubie ou pour l'expression de mon insolence.

— Ben oui ! Où est le problème ?

— Pourquoi pas des autruches ou des perroquets ?

Je souris et murmure :

— Comment tu as deviné ?

*

En attendant de tutoyer mon rêve, je me retrouve à Poitiers dans un collège qui vient d'ouvrir un CAP élevage option « petits animaux ». L'objectif est d'apprendre à élever des animaux comme les lapins nains, les faisans exotiques, les cochons d'Inde ou les hamsters, dont la destination serait plutôt les animaleries. Les cours m'ennuient. Le sujet animal est très peu présent. Les animaux sauvages ne sont pas au programme. Mon peu de motivation disparaît. Je suis viré. Une fois de plus.

En 1986, j'ai seize ans et je suis déscolarisé. Pour mes parents, c'est une catastrophe. Pour moi, c'est l'occasion de me consacrer à ma passion : les animaux. Grâce aux contrats aidés qui fleurissent sous l'ère Mitterrand, je pars à Grenoble, où habite ma grand-mère, pour me lancer dans l'ornithologie. Après quoi, je deviens objecteur de conscience pendant deux ans. C'est l'occasion de mettre un pied dans une association qui se consacre à la protection des animaux.

La première année, je suis affecté à un projet de réintroduction de vautours. Je suis fier et heureux. Je suis responsable d'une quinzaine de rapaces parmi les plus grands d'Europe. J'ai tout à découvrir, tout à apprendre. Malheureusement, la fête est perturbée par la malhonnêteté et l'impréparation de l'association qui m'a engagé. Le site qui doit accueillir les vautours après leur relâché est traversé par une ligne à haute tension, piège mortel pour les rapaces. De plus, il m'est interdit d'entrer en contact avec le responsable d'un projet similaire dans le département voisin, sous prétexte que « chacun son projet, et les vautours seront bien gardés ». Après de vigoureuses mises au point, je pars en Bretagne pour ma deuxième année d'objection, dégouté, mais décidé à persévérer.

Affecté à la gestion d'une réserve naturelle, je commence à comprendre pour de bon ce qu'est la « protection de la nature ». J'échange avec mes collègues scientifiques et avec la section trafic du World Wild Fund for Nature (WWF). J'approfondis mes connaissances sur les oiseaux exotiques, leur élevage, leur capture, la mortalité (énorme) constatée lors des transports. Je prends conscience de la distinction entre l'amour de l'animal que tu possèdes et l'amour de l'animal que tu protèges ; et j'ai une révélation : ce que je veux faire n'a rien à voir avec l'élevage. Si, un jour, je dois avoir des oiseaux captifs, ça sera uniquement pour leur conservation. Surtout, il m'apparaît que, pour protéger efficacement la nature, il ne suffit pas de l'aimer : il faut connaître la législation afférente. Dès que j'intègre ça, je me découvre une passion pour ces textes.

C'est doublement bizarre. D'une part, les textes en question sont ardus, touffus et jargonneux au plus haut degré – oui, c'est ça, imbitables –, sans que l'on sache s'ils sont tordus par souci de précision ou pour que personne ne les comprenne, même si j'ai ma p'tite idée sur le sujet. D'autre part, je n'aime pas « lire des livres », c'est-à-dire des romans. J'en suis incapable. J'apprendrai plus tard que je souffre d'aphantasie. En clair, mon esprit ne fabrique ni ne garde aucune image. De sorte qu'un récit qui évoque, par exemple, un beau paysage de montagne non seulement je suis incapable de le visualiser, mais, en plus, avant d'arriver à la fin du premier chapitre, j'ai oublié de quoi il s'agissait. Dans ces conditions, difficile de savourer une histoire...

Je lis donc exclusivement des livres et des articles techniques sur les animaux, mais aussi, et surtout sur la législation. Ces textes-là, je les dévore. Je crois que cette passion tient à une réflexion de mon père qui, face à un exercice de mathématiques, me disait : « Tu ne peux réaliser l'exercice si tu n'en comprends pas l'énoncé ». Dans un énoncé, très souvent, il y a tout un tas de termes qui ne servent à rien. Il suffit d'en faire fi pour rendre digeste l'énoncé. Par exemple, j'ai souvent rencontré dans ma scolarité des exercices dont l'énoncé commençait par « soit ». Soit un train qui part de Marseille à 10 h 39... Soit une baignoire qui se remplit à la vitesse de 30 litres à l'heure... Et ce sacré « soit » m'empêchait de comprendre l'exercice parce que, pour moi, ce mot n'était utilisé dans le langage courant que comme une marque alternative : c'est « soit » le matin, « soit » le soir. Si je supprimais le « soit » de l'énoncé, le problème me paraissait beaucoup moins problématique !

De même, pour moi, les textes de loi sont comme un exercice de mathématiques que l'on se serait acharné – avec un talent certain – à rendre infiniment compliqué. Conventions, règlements et arrêtés sont truffés de mots inutiles. Pour décrypter ces énoncés, il faut repérer les termes inutiles et les ignorer. Alors, ceux qui restent se mettent à ressembler à une règle du jeu qu'il convient d'assimiler pour commencer la partie.

*

En 1991, fort de mes nouvelles connaissances législatives, je décide de créer une nouvelle association, dont l'objet est la lutte contre le trafic des psittacidés (perruches, perroquets, cacatoès...). À ce moment de mon existence, je suis sûr que ceux qui transgressent la loi le font par ignorance. Rapidement, je m'aperçois que non, ce qui motive les vendeurs c'est l'appât du gain. Ils n'ignorent pas la loi : ils la contournent et n'ont aucune intention de la respecter. Ce sera la raison qui va me décider à lutter contre le commerce illégal d'oiseaux. Concrètement, quand je repère des boutiques qui contreviennent à la loi, je transmets les informations à ce qui s'appelle alors l'Office national de la chasse et de la faune sauvage (ONCFS). Par exemple, je leur signale que telle espèce proposée à la vente ne doit pas être commercialisée. À l'administration d'intervenir.

D'autant que, en théorie, depuis 1976, on ne peut détenir un animal sauvage avant d'avoir obtenu deux autorisations : le certificat de capacité, qui atteste des compétences acquises par le candidat, et l'autorisation d'ouverture qui vise à s'assurer que les installations sont adaptées à la détention d'animaux sauvages en captivité. La restriction ne concerne donc que la détention dans la mesure où, en théorie, le vendeur est titulaire de ces autorisations. De fait, à cette époque, des milliers de Français détiennent des animaux exotiques (oiseaux, tortues, serpents, insectes...) vendus en animalerie en toute légalité, mais souvent détenus en toute illégalité. À cette entorse coutumière à la loi s'ajoute la faiblesse de la règlementation. Elle ne prévoit aucun système d'identification des animaux, qu'ils soient exotiques ou domestiques. Résultat, pour prétendre être en règle, il suffit de présenter une facture avec un animal qui correspond à l'intitulé, même si la transaction ne porte pas sur l'individu en question. C'est comme si j'achetais une 4L sans plaque d'immatriculation et que j'avais une facture qui pourrait s'appliquer à n'importe quelle autre 4L ! Une seule facture pouvant justifier l'acquisition de plusieurs animaux, c'est la porte ouverte au trafic.

Dans ce contexte, pour freiner le trafic, je ne peux pas dénoncer une infraction relative à tel individu que je soupçonne d'avoir été importé illégalement; je peux juste dénoncer une infraction plus générale sur l'espèce qui est commercialisée par tel magasin. Cette espèce est-elle autorisée à la vente ? Non ? Alors, il faut agir. C'est simple, n'est-ce pas ? En réalité, c'est très simple, mais c'est aussi simple que compliqué. C'est donc très compliqué.

Prenons l'exemple des amazones. Ce sont de magnifiques perroquets massivement capturés dans les forêts d'Amérique du Sud pour être vendus dans les animaleries européennes. C'est légal pour certaines espèces d'amazones... mais le mot « amazone » regroupe plusieurs dizaines d'espèces et autant de sous-espèces. En schématisant, si l'animal a le front bleu, sa vente est autorisée ; si son front est orange, mais avec un peu de bleu, non. En pratique, la différenciation ne se joue qu'à quelques plumes sur la tête ou la queue. Pour compliquer le tout, le plumage peut être affecté par le stress, par son degré d'acceptation de la détention et par son état physique. Autant dire que, pour distinguer d'un coup d'œil les espèces commercialisables et les autres, il faut une habitude que tout un chacun ne possède pas. Moi, je l'ai développée. Par conséquent, j'épluche les journaux d'annonces sur des dizaines de kilomètres à la ronde ; je vais à la photocopieuse du coin ; pour un franc ou deux, je duplique les encarts litigieux et je les envoie à l'Office qui intervient avec succès. Au point qu'un jour, l'un des agents avec qui je travaillais le plus me lance :

— C'est bien gentil, vos renseignements, mais ils nous obligent à saisir des tas d'animaux.

— Et ?

— Ben, qu'est-ce qu'on en fait ?

Et là, blanc. Je ne sais pas quoi répondre. Parfois, c'est préférable.

*

La question de l'agent a changé le cours de ma carrière et de ma vie. Jusqu'à présent, j'étais :

- sensible à l'environnement ;

- passionné par les oiseaux ;
- en colère contre un trafic qui ne cherchait même pas à se cacher.

Néanmoins, cette émotion, ce désir d'être utile, cette conviction que je devais m'engager restaient vagues. Ils n'étaient pas assez ancrés dans la réalité des problèmes, et pas assez ciblés pour prétendre à une efficacité de long terme. Sans en avoir conscience, l'agent, qui m'a partagé son désarroi devant l'impossibilité de saisir effectivement les oiseaux, a décidé du reste de ma carrière. En effet, sa question pointait l'un des moteurs du trafic d'animaux sauvages en France. Même quand la saisie est une évidence, quelle solution concrète peut-on proposer pour les animaux saisis ? Après vérification, la réponse tient en six lettres et un seul mot : aucune. C'est pourquoi, le plus souvent, les agents procèdent à une saisie fictive. En clair, ils ne saisissent pas ce qu'ils auraient dû saisir. Les animaux restent chez le contrevenant sans que soit imposée aucune obligation au fautif. Pas parce que les fonctionnaires admettent ce trafic, juste parce que, fût-ce avec la meilleure volonté du monde, ils ne savent pas à qui confier les animaux qu'ils ont failli sauver.

En 1991, les rares oiseaux qui sont saisis le sont sur les points d'entrée du territoire. Quand, à Roissy ou dans les ports du Havre ou de Nantes, les douaniers interceptent des animaux de provenances ou d'espèces illégales, ils saisissent et improvisent. Parfois, ils laissent les animaux en dépôt à des proches dépourvus d'autorisation ou de capacité. De la sorte, ils ajoutent des infractions à l'infraction initiale sans pour autant régler le problème de la destination des animaux saisis. Parfois, ils reversent une partie de leurs découvertes aux zoos, qui s'en frottent les mains et ont très rapidement compris quel pouvait être leur avantage dans ce processus. Aucune mauvaise volonté des fonctionnaires, aucune complicité coupable : ils n'ont simplement pas d'autre solution.

Cette impasse est l'une des impuissances publiques qui dopent le plus le trafic de la faune sauvage en France avec, en toile de fond, le mythe infondé et dangereux que l'animal sauvage saisi n'a d'autre destination que la captivité. Partir du postulat que le relâché est impossible justifie que les animaux soient gardés prisonniers. Un signe ne trompe pas : ceux qui, avec insistance, distillent ce bruit de couloir aux oreilles de quelques fonctionnaires acquis à leur cause sont ceux qui en profitent le plus. Moi, j'ai débuté ma vie professionnelle par un projet de réintroduction de vautours après reproduction en captivité, je sais à quel point cette affirmation est fausse. Désormais, je n'aurai de cesse de me battre pour le prouver.

4.
Le perroquet de Bébel

Le trafic d'animaux sauvages prospère sur de nombreux mensonges, un manque chronique de moyens, une mauvaise volonté haut placée et la folle énergie dépensée pour décourager les gens qui, comme moi, veulent changer un système bancal qui arrange tout le monde.

Quelle que soit la force de conviction animant un amoureux des animaux, il est presque facile - tant par l'aura de l'autorité que par le nombre, la violence ou la répétition des pressions - de le convaincre qu'il a tort, que son attitude est contre-productive et que, en croyant défendre une cause, sans doute noble sur le principe, il lui porte atteinte.

En général, chez moi, ça a l'effet inverse. Les attaques, insidieuses ou frontales, me stimulent plus qu'elles ne me découragent. Quand je suis sûr d'être dans le vrai, il devient difficile de me faire plier. Je ne suis pas surpuissant, je n'ai pas un réseau qui me rend intouchable, mais j'ai un indécrottable défaut : je suis têtu. Très têtu. De sorte que, après mon échange avec l'agent de l'ONCFS, j'imagine, je cogite, j'étudie, je consulte; et, pendant plusieurs années, j'échafaude dans les moindres détails la mise en place d'un centre d'accueil pour perroquets saisis.

La raison est personnelle et évidente. Personnelle, car je suis tombé amoureux de cet oiseau en voyant, dans le film *Cartouche,* Jean-Paul Belmondo offrir un ara bleu et jaune à Claudia Cardinale. Cependant, la raison fondamentale est ailleurs. À cette époque, le perroquet est l'oiseau le plus vendu, donc le plus trafiqué. Il faut agir sur le trafic animal en commençant par ce qui rapporte le plus aux trafiquants. Petit *hic* : cette fois, ce n'est pas simple du tout. C'est infiniment nécessaire, mais infiniment compliqué. Tant pis, l'enjeu en vaut la chandelle. Le seul moyen de freiner le trafic, à défaut d'y mettre un terme, c'est de frapper là où ça fait mal : au portefeuille. Dans cette perspective, les oiseaux illégaux doivent être réellement saisis et retirés du circuit commercial.

Je commence donc à écrire mon projet comme d'autres écriraient un roman. Je détaille :

- les valeurs qui le portent ;
- les objectifs qu'il poursuit ;
- et les partenaires qui souhaitent s'impliquer dans cette démarche.

La masse de travail est considérable et motivante. Je sens que j'ai trouvé ma voie.

*

En 1991, je finis ma seconde année d'objection de conscience. Je réponds à une annonce pour un remplacement d'une semaine à un poste d'éducateur en milieu marin sur l'île de Berder. J'y resterai sept ans. Je ne perds pas le fil de mon projet pour autant. Je pense même rapidement que l'île serait le lieu idéal pour y installer un refuge. C'est la plus grande île privée du golfe du Morbihan. L'endroit appartient à une congrégation religieuse, les petites sœurs de saint François d'Assise, qui l'a loué à l'association LVT (Loisirs, vacances, tourisme), qui s'occupe de tourisme social. Sur ce site extraordinaire, LVT accueille des familles, même très modestes, des classes de mer et des séminaires.

J'arrive sur l'île au début de ce qui semble être l'épisode d'un mauvais feuilleton. La société immobilière Yves Rocher est en train de racheter l'île par l'intermédiaire d'un marchand de biens. Elle souhaite se débarrasser de l'occupant pour transformer le lieu en un espace de thalassothérapie de luxe. Se multiplient les pressions sur la préfecture, la commission de sécurité, la mairie... Sont diligentées des dizaines de contrôles sanitaires contre l'association qui m'a engagé, plus de six contrôles fiscaux, des suppressions d'autorisation d'ouverture et des campagnes de diffamation dans la presse quotidienne régionale – Yves Rocher sera d'ailleurs condamné pour ce délit.

C'est à Berder que j'ai appris le sens des mots pression, puissance de l'administration, traîtrise et magouille politique, mais aussi combat, justice, ténacité, honneur et résistance, et il nous en faudra.

Dans notre bataille contre le mastodonte, nous sommes souvent seuls même si, parfois, nous soutiennent quelques médias pour le moins hétéroclites comme TF1 et *Charlie Hebdo*. En ne lâchant rien, on a fait voler en éclats l'adage du pot de terre contre le pot de fer, réécrivant au passage un épisode de la saga David contre Goliath. Après sept années de combat, le mot n'est pas trop fort, LVT obtient de rester sur l'île jusqu'à la fin de son bail.

Quand la victoire est acquise, la direction de l'association comprend mon désir d'ailleurs, reconnaît mon engagement dans ces années de lutte et valide ma fin de contrat. Ainsi, je peux bénéficier du chômage, le temps de concrétiser mon projet de refuge pour perroquets que, malgré toutes ces années, je n'ai jamais perdu de vue. Première étape : trouver un site avec trois exigences. Le lieu doit être :

- isolé, car ces oiseaux sont très bruyants ;

- discret, car ils valent cher ;
- et, si possible, beau, car je dois y vivre.

Je cherche longtemps avant de tomber sur une propriété de deux hectares. « Beau » n'est pas le terme qui, en l'état, caractérise le mieux l'endroit. Sur ces terres ne se dresse pas un manoir coquet enveloppé d'un jardin à la française qu'une haute grille protègerait des regards indiscrets. Non, par chance pour mon projet, dans la campagne reculée de la région vannetaise, se cache une porcherie en fibrociment, à l'abandon depuis sa faillite, une vingtaine d'années auparavant. Pour une raison étrange (à moins que ce ne soit pour éviter des conflits avec d'éventuels riverains ?), elle est située au milieu de la forêt.

Quand j'arrive sur le terrain, impossible d'imaginer la présence du bâtiment tellement la nature a repris ses droits. Quatre-vingt-dix mètres linéaires de broussailles me bloquent la vue, m'empêchant de pénétrer dans cette friche. Je m'en fiche, car je compte démonter le bâtiment. Je suis plutôt séduit par l'endroit, mais j'ai appris à me méfier des « coups de cœur » qui font perdre en lucidité. L'enjeu est trop important pour que je me fie à une première impression. De nombreux critères doivent être réunis. Par conséquent, je reviens voir l'endroit à maintes et maintes reprises. Je vérifie si l'on entend des routes qui pourraient perturber les oiseaux, et si des gens passent à proximité.

Visites et contre-visites sont concluantes, je contracte un prêt et j'achète. Les démarches n'ont pas été simples puisque, quand je dépose le permis de construire pour un élevage de perroquets, ça dérange. Partant du principe qu'il existe en France des élevages de visons, de bisons ou d'autruches, je ne vois pas pourquoi il n'y aurait pas d'élevage de perroquets. Néanmoins, il me faut une bonne connaissance de la règlementation agricole et urbanistique pour obtenir gain de cause. J'ai conscience du risque – professionnel, financier et humain – que je prends, mais j'ai la certitude de mener un combat qui vaut le coup et le coût. Je crois relever un défi gigantesque. Je vais découvrir que l'épithète est beaucoup trop faible. Par chance, peut-être, je n'ai qu'une toute petite idée des galères qui m'attendent. C'est ma faute, aussi : je veux être irréprochable. J'ai vu trop de margoulins franchir la ligne jaune parce que « c'est plus pratique » (ce qui est vrai) ou « ce n'est pas si grave » (ce qui se discute). Je ne veux pas jouer à ce petit jeu là. J'ai l'intention ferme et définitive de ne pas ouvrir mon établissement sans avoir obtenu l'ensemble des autorisations et habilitations nécessaires.

J'estime qu'il me faudra un an pour boucler le dossier. Ça ne me semble pas si long. Je suis patient. Je ne m'attendais pas à devoir l'être aussi longtemps. Il me faudra cinq ans de procédures au cours desquels je subirai par paquets de douze :

- des refus injustifiés ;
- des avis négatifs de pseudo-experts du Muséum national d'Histoire naturelle, en l'espèce vendus à l'industrie de la captivité ;
- et une bonne dizaine de contrôles des services de l'État, lancés à mes trousses par Jacques W., un haut fonctionnaire que j'avais eu la mauvaise idée de rencontrer quelques années auparavant...

*

Mon histoire avec Jacques W. commence en 1994. Je suis en pleine cogitation pour mon centre de perroquets saisis. Je veux connaître sur le bout des doigts le contexte règlementaire qui s'applique et identifier les personnes qui chapeautent cet arsenal juridique. Je comprends que c'est au Bureau de la protection de la nature et des paysages que ça se passe. J'arrive à décrocher un rendez-vous à la capitale avec le fameux Jacques W., haut fonctionnaire qui finira inspecteur général de la santé publique vétérinaire, ce n'est pas rien. Je suis heureux de pouvoir peaufiner auprès de cette sommité les notions que j'ai déjà acquises et les pratiques que j'envisage de mettre en œuvre. J'attends de lui qu'il m'encourage, éventuellement, et qu'il pointe les possibles faiblesses du dossier que je lui présente. Sans aucune hésitation, l'homme balaye mon projet d'un revers de main en lâchant : « Un centre pour perroquets saisis ? Pour quoi faire ? Le trafic, c'est *peanuts*, et les quelques oiseaux saisis ne posent pas de problème. Votre centre n'a aucun intérêt ».

Il ne tarde pas à en rajouter une couche par écrit. Le 22 décembre 1994[1], il me souhaite un joyeux Noël à sa façon en m'envoyant ce courrier de la « sous-direction de la chasse, de la faune et de la flore sauvages » :

> Monsieur,
> Vous nous avez fait parvenir le dossier détaillé de votre projet de mise en place d'un conservatoire des espèces psittaccines, établissement destiné à l'hébergement des psittacidés saisis à raison de leur situation irrégulière vis-à-vis des dispositions relatives à la protection des espèces animales. [...]
> Néanmoins, la nécessité d'un tel investissement financier n'est pas démontrée. En effet, le placement d'animaux saisis dans l'attente d'une décision judiciaire n'apparaît pas [...] insurmontable [...]. Il n'apparaît donc pas indispensable d'engager à l'heure actuelle la mise en place d'un établissement tel que celui qui a été envisagé par votre association.

Je pourrais être effondré. Sauf que, ce projet, je ne l'ai pas monté sur une conviction intime, mais sur des constats de terrain. Je commence à comprendre la dichotomie entre la position des

1. https://www.sauvage.bzh/sommaire/?file=Chapitre04/CourrierJW.pdf

agents administratifs et la réalité. C'est elle qui m'a poussé à agir. Dans le cambouis où je patauge, il est évident que si, ben si, trois fois si, on a besoin de centres pour accueillir les oiseaux saisis et freiner ainsi le trafic. Certes, *a posteriori*, je m'étonne de ma naïveté. Grâce à elle ou à cause d'elle, je suis loin, très loin d'imaginer que je m'embarque dans une bataille de longue haleine.

*

Quelque temps après avoir croisé Jacques W., je décroche un autre rendez-vous important – à Genève, cette fois. Le trajet en avion depuis Vannes me coûte une blinde, mais il faut ce qu'il faut. Je viens rencontrer Jean-Patrick L. Il travaille à la CITES (convention sur le commerce international des espèces de faunes et de flores sauvages menacées d'extinction, autrement appelée convention de Washington), qui régit les conditions de commercialisation des animaux et des plantes sauvages menacés d'extinction. Cette fois, le contact est bon, les conseils sont précis. L'homme est plein d'assurance. Il fume cigarette sur cigarette, la précédente servant à allumer la suivante. Je lui présente mon projet et singulièrement mon inquiétude quant au devenir des oiseaux appartenant à des espèces non protégées, mais saisies, car vendues au-delà des quotas autorisés.

— Mais putain, vends-les, ces oiseaux ! me rétorque-t-il à brûle-pourpoint.

Puis il m'explique :

— D'un côté, tu recueilles des animaux d'espèces interdites à la vente. Tu les élèves dans l'espoir de renvoyer un jour leurs descendants dans la nature, d'accord ? Bon, et de l'autre côté, tu as les animaux autorisés à la vente qu'on t'a remis parce que les quotas avaient été dépassés. La vente de ces espèces est légale. Elle te permettra de financer la conservation, la nourriture et le personnel. Alors, vends-les, car le nerf de la guerre, c'est le pognon !

J'aime la franchise de mon interlocuteur. J'aime toujours la franchise de mes interlocuteurs quand ils savent de quoi ils parlent même si pour le coup son discours m'interpelle. Le gars a du bon sens et ses avis sont loin d'être stupides. Pourtant, quand il quittera la CITES et deviendra conseiller ministériel de Dominique Voynet puis d'Yves Cochet, il n'aura de cesse de me mettre des bâtons dans les roues. Resté sur la bonne impression qu'il m'avait faite, je mettrai du temps à admettre que ce type joue double jeu... peut-être pour une question d'*ego* ? En effet, en 2000, je signerai une étude rigoureuse sur le trafic des psittacidés via Internet. Le document sera repris par de nombreuses associations internationales, et même présenté au Parlement britannique dans le cadre d'un symposium sur le sujet. Il m'amènera aussi à participer à une conférence au Muséum national d'Histoire naturelle pour présenter le projet de centre et parler du trafic de perroquets. Jusqu'alors, le domaine était la chasse gardée de Jean-Patrick L.. M'a-t-il considéré comme un concurrent ? Une seule certitude : son hostilité à mon endroit, après son départ de la CITES, et sa proximité avec Jacques W. me vaudront de sérieux ennuis avec mes autorités de tutelle.

Voilà une des raisons pour lesquelles le combat contre le trafic est rude : les coups ne viennent pas que des trafiquants. Ceux qui sont censés lutter, comme vous, contre leurs méfaits peuvent se démener pour vous poignarder dans le dos. De fait, très vite, je deviens la cible de fonctionnaires, entre diffamation et blocage administratif. Pour contenir le danger incarné par un défenseur de l'environnement, il existe des stratégies discrètes et efficaces comme de :

- suggérer aux autorités locales de surveiller l'individu indocile, désormais suspecté de trafic animalier ;

- diligenter des contrôles à répétition contre lui ;
- repousser son obtention du certificat de capacité obligatoire jusqu'à ce qu'il menace de manière formelle d'attaquer les responsables de ces reports auprès du tribunal administratif ;
- ou de retarder la délivrance de son indispensable autorisation d'ouverture.

Ces stratégies sont évidemment cumulatives. Il s'agit de bombarder massivement ce gêneur, de pilonner ses défenses, bref, de lui montrer que, s'il veut la guerre, il l'aura. Lui pourrir la vie, c'est escompter que ces rebuffades le pousseront à renoncer à son projet ou, mieux, l'inciteront à commettre l'erreur fatale d'anticiper et de se retrouver hors-la-loi.

Au grand dam de mes adversaires, je tiens bon. En 2002, ma ténacité paye. Je peux ouvrir. Enfin. Ouvrir, c'est un succès magistral... qui ne sert à rien puisque, quand j'obtiens les autorisations exigées, Jacques W. s'arrange pour que jamais un animal n'arrive dans mon centre. Quelle meilleure démonstration qu'il n'y a pas de trafic que de laisser sans animaux un centre chargé de recueillir les oiseaux saisis... et de privilégier des structures improvisées à la va-vite pour y placer - sans contrôle, sans surveillance et sans évaluation de leur avenir. Je prends conscience qu'il y a deux pôles qui expliquent l'importance du trafic : la puissance des trafiquants et la complicité de certains fonctionnaires pour des raisons qui ne semblent pas essentiellement pécuniaires. Mais pourquoi dépenser autant d'énergie pour essayer de me nuire ? Et, si ce n'est pas qu'une question d'argent, à qui profite l'énorme manne que représentent les oiseaux saisis ? Le reste de mon histoire répondra à la question.

5.
Erika, Prestige et tous les autres

Voilà trois ans que je suis installé dans le centre d'accueil pour perroquets saisis. D'un côté, l'hostilité obstinée de l'administration ministérielle ; de l'autre, ma certitude que cette structure est utile. En attendant les oiseaux, je continue ma collaboration avec certains agents de la police de l'environnement, en leur remettant régulièrement des documents techniques ou en participant à des expertises qui leur permettent d'appuyer leurs contrôles. Cependant, à l'hiver 1999, une catastrophe écologique d'ampleur internationale va bouleverser ma vie, tout en me permettant d'ajouter une corde à mon arc.

Alors que l'ensemble de la planète a les yeux tournés vers les systèmes informatiques mondiaux en attente d'un éventuel bug de l'an 2000, je passe un Noël en famille dans la région parisienne sur les terres de mes premières expériences ornithologiques.

Voilà 10 jours que le pétrolier *Erika* a fait naufrage au large des côtes bretonnes. Une nappe de pétrole importante, mais sous surveillance, se dirige vers l'île d'Yeu où l'ensemble des moyens de lutte contre la pollution ont été acheminés. La dernière catastrophe pétrolière ayant touché les côtes bretonnes date de 1978, quand le supertanker *Amoco Cadiz* avait déversé sur la côte

227 000 tonnes de pétrole brut. En comparaison, vingt et un ans plus tard, c'est avec un œil presque détaché que l'ensemble du monde associatif observe la dérive de cette nappe, sans visiblement comprendre l'ampleur de ce qui se prépare. Car pour être franc, une nappe de 12 000 tonnes en comparaison des 227 000 de l'*Amoco*, ce n'est pas non plus la catastrophe du siècle. C'est d'ailleurs ce que déclara Dominique Voynet alors ministre de l'Environnement, déclaration sans doute susurrée à son oreille par les « spécialistes du sujet »[2].

Or dans la nuit du 24 au 25 décembre, une tempête d'une rare violence va changer la donne... Bretagne vivant, l'association pour laquelle j'ai travaillé lors de ma seconde année d'objection de conscience, organise un réseau de collecte d'oiseaux sur les côtes morbihannaises. Elle pense contribuer à l'acheminement de quelques oiseaux mazoutés vers le centre de la LPO de l'Île-Grande, lieu phare de l'organisation, créé à la suite de la marée noire de 1978. Ses membres ne pouvaient imaginer qu'ils seraient en fait à l'initiative de l'ouverture de la plus grosse structure de soins provisoires jamais créée au cours d'une telle pollution. Rapidement, les locaux de la réserve naturelle, dont ils ont la gestion, seront débordés par les dizaines d'oiseaux qui arrivent en cartons. Le 24 au soir, ils sollicitent l'aide de la commune de Theix, à côté de Vannes, afin qu'une salle soit, provisoirement, pensaient-ils, mise à leur disposition. C'est ainsi que la salle de l'Hermine leur est ouverte pour entreposer les dizaines d'oiseaux. Au soir du 25 décembre, ils sont 6 000.

Il serait trop long ici de raconter l'ensemble de cet épisode qui donnera peut-être lieu à un deuxième livre, qui sait. Quoi qu'il en

2. https://www.ouest-france.fr/pays-de-la-loire/nantes-44000/dossier-erika-il-y-a-vingt-ans-la-maree-noire-et-la-boulette-de-la-ministre-voynet-24a2e-c9e-233f-11ea-924c-4926b5fba0de

soit, l'expérience est teintée de désillusions, d'intérêt personnel et de scandales, montrant une fois de plus le vrai visage de cette humanité.

C'est à l'occasion de l'*Erika* que François Pinault, l'homme d'affaires breton, a mobilisé ses fonds personnels pour indemniser les associations en remerciement de leur mobilisation. Il comprend la nécessité d'anticiper une éventuelle récidive et décide de financer un outil d'intervention adapté. Je serai chargé d'en superviser la conception. Fort de ma nouvelle expérience et aidé par son architecte personnel, je conçois et développe une unité mobile de soins pour oiseaux mazoutés (UMSOM). Malheureusement, nous ne tardons guère à démontrer son utilité.

En décembre 2003, à peine trois ans après l'*Erika,* le *Prestige* coule au large de la Galice. Dans le même temps, plusieurs navires s'échouent en mer du Nord, engendrant la plus grande pollution en termes de traits de côte touchés. À l'exception de la Méditerranée, l'ensemble des côtes françaises est frappé par la pollution. Ce sera l'occasion de la mise en place d'une alliance hors normes avec les chasseurs des Landes, seule structure d'Aquitaine à accepter d'accueillir l'UMSOM à l'occasion de cette marée noire. L'*Erika* a laissé des traces, et pas que sur les rochers, et certaines associations comme la LPO, constatant leur perte de suprématie, voient d'un mauvais œil l'arrivée de ce nouvel outil sur leurs plates-bandes.

Les chasseurs, seule association a avoir accepté l'arrivée de l'UMSOM, nous installeront dans un parc d'élevage de faisans, vide en période hivernale et qui d'ordinaire accueille plusieurs milliers d'individus destinés à la chasse. Oui, je sais, la situation est cocasse, mais en période de crise il faut savoir faire des alliances atypiques au profit de la cause.

Pour moi, c'est l'occasion de prouver que préparation, anticipation et formation permettent de diminuer les coûts d'intervention et d'optimiser les résultats de réhabilitation. Bien préparés, nous relâcherons plus de 30 % des oiseaux qui nous sont confiés, soit le double de ce qui se fait d'ordinaire en pareille situation.

*

Au cours de la marée noire du *Prestige*, je m'aperçois qu'il n'existe aucune structure de soins pour la faune sauvage en Aquitaine, à l'exception d'un minuscule établissement, isolé au fin fond des Pyrénées. Or sur le terrain adjacent au parc d'élevage qui accueille l'UMSOM, une vieille construction trône, quasiment abandonnée. Chaque jour, en me rendant sur le site du parc d'élevage, je passe devant ce bâtiment aux formes étonnantes (censé représenter un bateau) et édifié pour abriter un musée de la chasse. Renseignements pris auprès du président de la fédération de chasse, le musée n'accueille qu'un nombre restreint de curieux. Sa situation géographique, à une quinzaine de kilomètres à l'ouest de Mont-de-Marsan, loin de toute zone touristique, ne favorise guère les visites.

— Du coup, on va l'abattre, m'apprend-il. On a débloqué un crédit de 300 000 € pour tomber le bâtiment.

Je sursaute et rétorque :

— Tu sais tout ce que l'on peut faire avec une somme pareille ?

Coup d'œil interrogatif. J'insiste :

— Souviens-toi ! Il y a trois ans, tu te plaignais parce qu'il n'y avait pas de centre de soins dans la région. Tu ne cesses de me rappeler que, statutairement, la fédération des chasseurs des Landes est une association de protection de la nature.

— C'est vrai.

— Alors, prouve-le.

— Comment ?

— Donne-moi tes 300 000 €, et je te construis un centre de soins.

Je sens que je viens de le piquer au vif... Alors, certes, le chasseur évoque plus pour le grand public la mise à mort de la mère de Bambi que le soin apporté à un animal en détresse. En réalité, les animaux susceptibles d'être accueillis dans un centre ne sont pas chassables. Dans la grande majorité des cas, ils appartiennent à des espèces protégées. Les soigner ne porte donc pas atteinte aux chasseurs. Surtout, il faut le reconnaître, les chasseurs landais me semblent assez atypiques. Ils se sont massivement investis lors des marées noires. Ils gèrent plusieurs réserves où la chasse est interdite et où évoluent de nombreuses espèces emblématiques, dont des grues, des cigognes et des balbuzards pêcheurs de passage. Même moi qui n'ai pas l'habitude de frayer avec leurs semblables, je constate que leur rapport à la nature ne s'arrête pas à la chasse proprement dite.

Dernier argument pour envisager de travailler avec eux : le président départemental de leur fédération est réputé pour dépenser une énergie considérable afin de mener à bien les projets qui lui tiennent à cœur. Il se trouve que cette idée de centre de soins lui trotte dans la tête depuis plusieurs années. Une première tentative avait été menée par la fédération juste après son investissement pour l'*Erika*. Toutefois, devant la complexité du dossier, qui plus est pour des non-spécialistes, devant aussi l'hostilité de certaines autorités de tutelle, associations et autres malfaisants, l'affaire en est restée là. Ma proposition ne tombe donc pas dans l'oreille d'un sourd, même si l'homme est méfiant.

— Tu sais, souffle-t-il, on a essayé, et ça n'a pas marché. Ne le prends pas mal, mais y a pas de raison que ça marche mieux avec toi. Pour être franc, je crois même que c'est impossible...

L'a-t-il fait à dessein ? Il vient de prononcer la phrase miracle pour motiver un Breton. Je souris et reprends :

— Donne-moi les 300 000 €, te dis-je, et, sur ce terrain, je bâtirai un centre de soins !

Nous topons, et les événements s'accélèrent. En quinze jours, le président fait valider le principe de la transformation du musée en centre de soins par le conseil d'administration de la fédération. Je rédige une étude de faisabilité, consulte la fédération des centres de soins dont je suis devenu administrateur six mois plus tôt, et entreprends de lister les besoins de la future structure. Le constat est limpide. Le département des Landes est très étendu. Pouydesseaux, où se dressait le musée de la chasse, est situé au milieu de l'Aquitaine, ce qui permet d'envisager de collecter des animaux venus d'un peu partout. Ainsi rouges-gorges, grues (très nombreuses dans le département), hérons cendrés, rapaces, renards, fouines, martres, loutres et animaux marins pourraient y être soignés. C'est clair, un centre de soins se justifie pleinement !

Je traduis cette certitude en termes techniques. Mon travail convainc mes commanditaires. Ils étendent ma mission à la concrétisation de l'établissement. En avril 2004, me voilà embauché par la fédération de chasse des Landes. Tout en revenant en Bretagne le week-end pour m'occuper de mes animaux, je me lance dans ce nouveau défi.

*

Autour de moi, les dents grincent. On me traite de vendu, voire de collabo. Je fricote avec l'espèce la plus honnie par d'innombrables défenseurs de la nature. Pourtant, mon implication avec les chasseurs fait avancer la cause de l'écologie. D'abord, je transforme un musée de la chasse en centre de soins, c'est plutôt une jolie histoire, non ? Ensuite, je juge très sain de monter de beaux projets avec des gens dont je ne partage pas toutes les convictions, et vice versa. Pour moi, échanger, voire construire avec ceux qui ne sont pas exactement de mon obédience, ce n'est pas vendre son âme, c'est :

- se rassembler autour de belles idées ;
- nouer des alliances constructives ;
- profiter d'une conjonction d'énergies et de personnalités pour défendre, ensemble, la faune sauvage, même si nous ne sommes pas d'accord sur tout !

Plaider auprès d'un public acquis ne m'intéresse pas ; je préfère convaincre les sceptiques. Cependant, je ne suis plus naïf. Je commence à avoir un brin d'expérience. Je connais les fluctuations de l'éthique chez l'*homo sapiens*, chasseur ou non. Par conséquent, j'établis d'entrée de jeu une règle triple et définitive, qui nous permet d'intégrer l'Union française des centres de sauvegarde de la faune sauvage, d'ordinaire hostile aux chasseurs. Cette triple règle stipule que :

- le responsable du centre, détenteur du certificat de capacité, ne devra pas être un chasseur ;
- le centre accueillera tous les animaux, y compris ceux que les chasseurs qualifient de « nuisibles », tels que les renards, blaireaux et fouines ;
- tous les animaux, y compris le gibier (à l'exception des chevreuils et des sangliers, dont les prises en charge sont trop problématiques), seront soignés exclusivement en vue d'être relâchés.

L'aventure Alca Torda – du nom latin du plus rare pingouin d'Europe, et du plus difficile à sauver lors d'une marée noire – commence à prendre forme. J'en suis à la fois maître d'œuvre et maître d'ouvrage par délégation. Des mois de travail acharné finissent par payer. Quand tout est accompli et que Henri Emmanuelli, président du conseil général, a procédé à l'inauguration du centre, ma mission est finie. Je peux rentrer en Bretagne tout en gardant un pied sur place par l'intermédiaire de mon investissement auprès de la commission « Faune sauvage captive » de la préfecture des Landes. La presse locale s'amuse de cette

5. Erika, Prestige et tous les autres

association inattendue entre chasseurs et écolos, en titrant : « Alca Torda, le PACS écologique » !

Même si j'ai conscience de laisser derrière moi un outil formidable, c'est sans l'ombre d'un regret que je cède la gestion du centre à un autre titulaire du certificat de capacité. Il s'en occupera de 2006 à 2010. Participer à la protection de la faune sauvage en soignant des animaux n'est pas mon projet de vie. Je suis davantage porté par mon désir de lutter contre le trafic depuis ma propriété bretonne. Bon an mal an, je reste convaincu qu'il y a moyen de développer un centre d'accueil de perroquets saisis, notamment grâce aux contacts noués avec les Landes et l'Union française des centres de sauvegarde de la faune sauvage. De nature, je suis résolu et bien plus optimiste que renfrogné. Plus dure sera la chute !

6.
La loi des *lobbies*

La parenthèse «gestion d'une catastrophe de grande ampleur» est fermée. Celle consacrée à l'invention de deux centres de soins (mobile et fixe) fermée également, je reviens à ma mission première : le trafic et les trafiquants.

Comme je l'ai écrit, les trafiquants ne seraient rien sans les hauts fonctionnaires notamment du ministère de l'Écologie. Pour que la suite soit la plus claire possible, je voudrais juste faire un point sur cet aspect du drame. À cette fin, il faut avoir conscience que, quand un politique a décidé de porter une loi, il n'a aucune garantie que, *in fine*, le texte ira dans le sens de ce qu'il souhaite; et, le plus fou, c'est qu'il en a pleinement conscience.

Un exemple : la loi du 30 novembre 2021 «visant à lutter contre la maltraitance animale et conforter le lien entre les animaux et les hommes» avait pour objectif, entre autres, de mettre fin aux spectacles d'animaux sauvages dans les cirques et les delphinariums. Première subtilité : les spectacles dans les zoos, eux, sont épargnés, pour ceux qui auraient un doute sur la puissance de l'industrie de la captivité. J'ai assisté à la création de ce texte. À de nombreuses reprises, j'ai été auditionné par les parlementaires et par des fonctionnaires du ministère de l'Écologie. Ces derniers sont les véritables chefs d'orchestre. Ils fixent d'emblée le cadre de ce qui sera acceptable par le ministère de ce qui ne le sera pas, ce qui pose un problème en termes de démocratie. Concrètement, à chacune de mes remarques, je m'entendais répondre : « Non, ça, tel bureau ne le laissera jamais passer ».

Donc, contrairement aux apparences, ce ne sont ni le ministre ni les parlementaires qui choisissent les contours de la loi. Mais surtout, le texte final se verra affublé d'une mention qui dit : «un arrêté du ministre précise les conditions d'application de la loi», et c'est là que les *lobbies* reprennent la main.

Quatre ans après la sortie du texte, une multitude de régimes dérogatoires permettra aux delphinariums de continuer leur activité puisque des aménagements seront mis en place pour ce faire. Les fameux prétextes d'études scientifiques, de pédagogie et de protection seront inscrits tel un gage de sérieux pour assurer une continuité de l'exploitation animale. Les parlementaires sont contents d'avoir porté un texte soi-disant novateur et courageux, et les *lobbies* sont contents d'avoir obtenu un aménagement dérogatoire permettant que rien ne change même si les médias nous racontent le contraire.

C'est sur ce principe que de hauts fonctionnaires depuis 30 ans déconstruisent la loi ou édictent des arrêtés qui, à grands coups de régimes dérogatoires, permettent que le trafic perdure malgré un cadre règlementaire que tout le monde pense de plus en plus strict.

En ce sens, les parlementaires et les politiques en général ont perdu de longue date le pouvoir démocratique qui leur a été conféré par leur élection et délégué par les électeurs, laissant une armée de fonctionnaires prendre la main, d'autant que les plus hauts gradés peuvent signer les arrêtés qu'ils rédigent, un grand nombre ayant délégation de signature du ministre. Quand on constate de telles dérives, on en déduit que la France n'est plus qu'une monarchie administrative où le pouvoir des électeurs et de leurs représentants est réduit, à de rares exceptions près, à une simple représentativité. C'est comme cela et sur cette base que repose l'ensemble du contexte qui permet le trafic de la faune sauvage en France.

*

Dans ce détournement du pouvoir, 2006 marque un tournant.

Jusqu'alors, la pression des *lobbies* de la captivité sur leur ministère de tutelle ne s'était jamais exercée avec une telle force. Ledit *lobby* réunit deux branches du *business* : les parcs zoologiques et les associations d'éleveurs d'oiseaux exotiques. Un jour, un petit arrêté est présenté au Conseil national de protection de la nature (CNPN). Ceux qui savent le lire (et ils sont rares) mesurent le degré d'entrisme et le pouvoir d'influence des l*obbyistes*. Le texte liste les espèces de la faune sauvage française qu'il est interdit de détenir, ce qui est tout à fait louable. Néanmoins, il précise que cette interdiction s'applique « sauf si les animaux sont nés en captivité ». Or ce « sauf » change tout pour une raison évidente : aucune mesure efficace n'est mise en place pour distinguer les oiseaux nés en captivité, qu'il est légal de détenir, et ceux qui ont été prélevés dans la nature, qu'il est illégal de détenir. En d'autres termes, en introduisant ce régime dérogatoire, les fonctionnaires à l'origine du texte ouvrent grand la porte du trafic. Ils permettent la régularisation en masse de tous les oiseaux illégalement détenus par les éleveurs et les propriétaires de zoos. Ils signent le début d'une opération de blanchiment sans précédent.

La technique est simplissime. Partout en Europe, des particuliers, des élevages et des zoos détiennent clandestinement des oiseaux capturés sur le continent, ce qui, en France, est interdit. Dans les années 1980 et 1990, cette appropriation de la faune sauvage était à la mode. Elle touchait les canards, les cygnes, les oies, etc. Belges, Hollandais et Anglais se sont spécialisés dans la détention de rouges-gorges, mésanges, pics et rapaces. J'insiste : en France, depuis 1976 et jusqu'en 2006, c'est complètement impossible, interdit et illégal. Pour compenser ce fossé entre impossibilité légale et réalité lucrative de terrain, l'arrêté de 2006 déroule le tapis rouge au blanchiment administratif.

En effet, depuis 2004, pour être légal, un oiseau doit être muni d'un marquage spécifique (bague fermée ou puce appelée « transpondeur ») associé à une inscription sur un registre spécial et un certificat de cession. L'objectif est de s'assurer de la légalité de la provenance des oiseaux captifs. Les bagues sont essentielles, car, pour prouver la naissance en captivité d'un individu, elles doivent être enfilées dans les quinze à vingt jours suivant la naissance de l'oisillon. Il va grandir avec sa bague de sorte que, normalement (l'adverbe a son importance), la retirer est impossible. Par conséquent, un oiseau bagué est considéré comme né en captivité. Hélas, ce système de marquage est falsifiable à merci. Seuls un contrôle poussé et un œil expert sont à même de détecter une falsification. Au moment où j'écris ces lignes, le Parc des Pyrénées passe au tribunal judiciaire de Cahors pour trafic d'oiseaux sauvages impliquant, entre autres, éleveurs, zoos et expert du Muséum d'Histoire naturelle. L'ensemble de la fraude utilisé pour blanchir des espèces illégalement capturées dans la nature est directement induit par les sauf-conduits aménagés dans la réglementation[3].

Quand il était interdit de détenir des oiseaux européens, les contrôles étaient simples. En autorisant leur possession « s'ils sont nés en captivité », les auteurs de l'arrêté ont ouvert une boîte de Pandore qu'il sera sans doute impossible de refermer. D'autant que quelques subtilités de l'arrêté offrent d'autres possibilités de blanchement. Par exemple, il suffit d'effectuer une fausse déclaration

3. https://www.assemblee-nationale.fr/13/rap-info/i3142.asp

de naissance en captivité puis de marquer un oiseau en maquillant sa provenance, et le tour est joué. Désormais, les trafiquants sont libres de capturer des oisillons dans la nature, de les baguer avec une bague étrangère, de les associer à une attestation de cession en allemand ou en hollandais, et personne ne pourra prouver la fraude puisque les autorités hexagonales n'ont que rarement la possibilité de vérifier une provenance extraterritoriale. Aussi incroyable que cela semble, une simple attestation de provenance d'un animal (en l'espèce, il s'agit d'un certificat de cession), qu'elle soit belge, allemande, hollandaise, anglaise ou espagnole légalise la détention d'un oiseau sur le territoire français.

Cette technique permet de blanchir des stocks d'oiseaux qui, à leur tour, engendreront des générations d'animaux illégaux, mais commercialisés légalement. D'autant que le texte de 2004 autorise le marquage des oiseaux européens par une puce et non une bague. Or autant la bague nécessite d'avoir un oisillon en main, donc supposément né en captivité, autant la puce peut se poser sur un individu adulte qui a pu être capturé dans la nature. Et ce n'est pas tout! Les trafiquants peuvent également acheter des bagues dans un pays producteur d'oiseaux ou récupérer des bagues sur des oiseaux légaux morts et les remettre sur des animaux illégaux dans la plus complète impunité. Ils ont aussi toute latitude pour agrandir ou raccourcir des bagues, et déclarer plus de jeunes que ceux réellement nés, voire des reproductions issues de deux mâles ou de deux femelles. C'est la fête, car qui vérifiera ?

Le plus effrayant, dans cette histoire, est que, avant publication, ces textes ont été présentés au CNPN où siège une armée d'associations et d'experts. Pas un seul n'a levé le petit doigt pour s'insurger contre le risque de dérives - euphémisme - présenté par le texte. Pas un... sauf moi. En vain.

*

En offrant de telles facilités aux magouilleurs, l'État français laisse les coudées franches au trafic d'oiseaux sauvages. Les *businessmen* de la captivité se ruent sur ce cadeau qui arrive à pic. En 2005, une puissante épidémie de grippe aviaire a conduit l'Europe à stopper l'importation d'oiseaux extracommunautaires. Les zoos et les éleveurs se retrouvent *de facto* en pénurie d'animaux. Il va bien falloir trouver une autre source d'alimentation, car le *business* en dépend. Par précaution, les trafiquants n'en ont jamais assez, les zoos ont fait pression sur l'État afin qu'il demande de la souplesse à ses agents en cas d'« erreur administrative ». L'argumentaire des contrevenants est clair : lutter contre le trafic est une nécessité absolue, une *top* priorité, une mission essentielle, MAIS, nous, on n'est pas des trafiquants. On paye des impôts, on participe à la conservation, on développe des emplois dans les territoires... Alors, oui, parfois, il peut y avoir un papier bizarre ou manquant pour justifier la provenance de tel ou tel animal ; mais ce n'est qu'un problème administratif...

Ben voyons !

En même temps, ce n'est pas faux. Le trafic est, par essence, un problème administratif. Cela vaut pour tous les trafics. Par exemple, une arme peut être légale ; sauf que, si vous n'avez pas de permis de port ou de détention correspondant à cette arme en particulier, c'est un problème administratif dont le résultat est que vous êtes hors-la-loi. De même, une voiture peut être légale en soi ; sauf que si votre plaque d'immatriculation, votre carte grise et votre numéro de châssis ne correspondent pas au véhicule, c'est un problème administratif dont le résultat est que vous êtes hors-la-loi. On pourrait multiplier les exemples – à quoi bon ? Il est évident que ce que certains appellent « problème administratif » n'est rien d'autre que la résultante d'un trafic ; et le monde du cirque, du zoo et de l'élevage est coutumier de ces tentatives plus ou moins habiles de s'arranger avec la légalité, dont certaines pourraient paraître cocasses si elles n'étaient pas d'effarantes preuves d'une transaction illégale, qui trouvent des soutiens bienveillants chez de hauts fonctionnaires.

En 2004, la pression des *lobbies* a permis la publication de deux arrêtés scélérats. Chacun en a eu pour son argent. Les *lobbies* d'éleveurs ont réussi à assouplir bigrement la détention d'animaux par les particuliers ; les *lobbies* des parcs zoologiques ont obtenu la même mesure pour les établissements d'élevage, de présentation au public, de location d'animaux, etc. Après ces deux coups de massue, la détention d'animaux sauvages est simplifiée et les possibilités de contrôle se compliquent. Parce que les normes sont annulées et que les cessions illégales peuvent être légalisées, une grande partie du trafic se transforme en commerce légal. Ce n'est ni plus ni moins que du blanchiment.

Faut-il désespérer ? Pas complètement. Hormis la mort, promise à chacun de nous, il n'y a pas de fatalité. Le trafic d'animaux sauvages en France est un drame contre lequel on peut lutter. À une condition : ne pas donner les pleins pouvoirs aux *lobbies*. À partir du moment où les *lobbies* dictent non pas *leur*, mais *la* loi, la modifient à leur guise et obtiennent des aménagements quand ils sont malgré tout pris la main dans le sac, la lutte est impossible. Tant qu'ils ont des relais chez les plus hauts fonctionnaires de l'Environnement, entraver leurs capacités de destruction relève du fantasme. Avant, quand le trafic animal était un gros marché mondialisé, la France avait du mal à le juguler sur son territoire. Petit à petit, grâce aux contrôles effectués dans les grands aéroports parisiens, grâce à quelques coups d'éclat, et grâce à quelques enquêtes approfondies, les forces de l'ordre sont parvenues à relativiser la toute-puissance des criminels. Il a suffi de quelques arrêtés pour que le trafic revienne à l'esprit *open-bar*. Tant pis si cela entre en contradiction avec l'ensemble des conventions internationales sur le sujet signées par la France. *Business first* !

7.
Le blanchiment des flamants roses

C'est dans ce contexte que les services vétérinaires du département des Landes, qui ont appris à me connaître, me sollicitent dans le cadre du contrôle d'un très gros établissement d'élevage alors totalement clandestin. Celui-ci souhaite se mettre en conformité avec le nouveau cadre règlementaire défini par l'arrêté du 10 août 2004 « fixant les conditions d'autorisation de détention d'animaux de certaines espèces non domestiques » avant que n'expire le délai de régularisation prévu par le texte. Or pour que l'établissement soit autorisé, la première exigence est qu'il ait déposé une demande en bonne et due forme, et que soit présent en son sein un titulaire du certificat de capacité. À l'époque, ce n'est pas le cas… alors que c'est une obligation depuis le 10 juillet 1976.

Aussi suis-je missionné pour une expertise qui doit répondre à deux questions : d'une part, les animaux sont-ils détenus dans des conditions qui respectent leurs exigences biologiques ? D'autre part, leur provenance est-elle légale ? Quand je reçois le dossier, je tombe une première fois de ma chaise : il concerne des centaines d'animaux. Des centaines, c'est énorme ! Je commence par me renseigner sur le dirigeant de la structure. Je retombe de ma chaise en découvrant que c'est censé être un cador du domaine. Ce n'est ni plus ni moins que le patron de la très puissante Aviornis, une association européenne d'éleveurs d'oiseaux, notamment de faisans, de canards, d'oies, de pans et de grues, et dont le slogan est : « *Élever pour conserver la biodiversité* ». Rien d'original puisque « conserver la biodiversité » est l'élément de langage préféré des éleveurs et des propriétaires de zoos souhaitant justifier leur possession d'animaux. Conscient d'être dans l'illégalité, l'homme a vu l'arrêté de 2004 comme une chance à saisir pour rendre acceptable ce qui n'était que toléré.

Intrigué, j'étudie en détail les éléments en ma possession avant de rendre mon rapport à la direction départementale de la protection des populations (DDPP) des Landes. Dans cet avis, je suggère de solliciter l'assistance de la brigade CITES/CAPTURE de la police de l'environnement, car l'affaire est colossale et ne peut être traitée sans cette aide. Ma proposition est suivie d'effet. La brigade est dépêchée sur site afin que nous procédions au contrôle. Nous sommes accueillis par l'épouse du propriétaire, une dame particulièrement vindicative qui s'offusque de notre présence et devient menaçante. Elle répète en boucle que son mari siège à la commission nationale qui délivre les certificats de capacité au ministère et qu'il travaille régulièrement avec Jacques W., sous-entendu : il est intouchable. Elle refuse de répondre à nos questions, cible ses attaques sur ma personne et met en doute (ce n'est rien de l'écrire !) mes compétences. Bref, elle tente par tous les moyens d'empêcher le contrôle. En vain.

Après cette visite mouvementée, nous nous retrouvons au bureau de la police de l'environnement, à Mont-de-Marsan, pour étudier, oiseau par oiseau, les provenances, les statuts de protection, les baguages, etc. Nous découvrons 27 flamants nains, de leur petit nom d'espèce *Phoeniconaias minor*, importés du Kenya quelques années plus tôt. Tous sont munis d'un certificat CITES mentionnant leurs années de capture et d'importation. Or la loi française stipule sans ambiguïté qu'il est interdit de détenir des flamants roses s'ils sont d'origine sauvage. Il est donc décidé de faire appliquer la règlementation et de soustraire ces animaux illégaux à leurs propriétaires.

Rendez-vous est pris quelques semaines plus tard afin de saisir les 27 flamants roses. Pour mener à bien l'opération, nous pouvons compter sur le zoo d'Amnéville, qui a accepté d'accueillir les oiseaux. Nous l'avons choisi pour une raison principale : il est situé à mille kilomètres de l'élevage clandestin, donc moins susceptible de subir l'influence du contrevenant. Nous comptons aussi sur la brigade CITES, dont le simple nom provoque des sueurs froides à la presque totalité des parcs zoologiques français. Or leur chef nous souffle :

— Je suis bien content de ne pas avoir à signer le PV de saisie, car ça va faire du barouf, cette histoire !

— Ne vous inquiétez pas pour ça, répond celle qui dirige l'opération. Je m'en charge.

— Vous savez à qui vous vous attaquez ?

— Oui, mais la règle doit être la même pour tous. Enfin, *devrait* être la même...

Sauf que les choses ne vont pas exactement se dérouler comme prévu. À notre arrivée, la femme du propriétaire, aussi furibonde qu'à notre première rencontre, appelle le ministère pour s'opposer à la saisie des flamants, cadeau d'anniversaire de son mari. Elle passe le téléphone à la représentante de la DDPP. À l'autre bout du fil, un sbire de Jacques W. explique à son interlocutrice qu'elle veut appliquer un texte poussiéreux qui aurait dû être modifié. Ce à quoi l'agente rétorque :

— Écoutez, ce « texte poussiéreux » a été précisément dépoussiéré il y a huit mois. Si vous ne savez pas faire le ménage, apprenez. Moi, j'applique les textes en vigueur. De plus, nous sommes face à un établissement qui n'est pas dans les clous depuis sa création et qui détient, dans des conditions farfelues, des animaux qui n'ont pas à être détenus, le tout en l'absence de capacitaire. Ça fait beaucoup, vous ne trouvez pas ?

— Bien sûr, sur le principe, vous avez raison. Néanmoins, vous savez aussi qu'il y a la loi et l'esprit de la loi. Ce sont deux choses distinctes, et je suis certain qu'il y a moyen de...

— Bon, ça suffit. Rappelez-moi quel est votre ministre de tutelle ? Le ministère de l'Environnement ?

— Moi, c'est l'Agriculture. Si vous avez un problème, appelez mon ministre.

Elle raccroche, et nous procédons à la saisie. Ensuite, la machine judiciaire se met en route, un procès finit par se tenir, et le contrevenant est relaxé grâce à une petite subtilité règlementaire. En 2009, Jacques W. a secouru son ami en faisant passer un arrêté modifiant en effet les conditions de protection des oiseaux sur le territoire français. Il fixe :

- la liste des oiseaux protégés ;
- celle des oiseaux que l'on peut détenir en captivité ;
- et les conditions de détention exigibles.

Un sort particulier est réservé au flamant rose *minor* : désormais, il est interdit de détention « s'il a été capturé en France ». Le risque est faible puisque, hormis quelques individus échappés de captivité, il n'y a pas en France de flamants roses *minor*. Ces oiseaux vivent en Afrique. La capture des oiseaux n'étant plus interdite que sur le territoire français, il n'y a plus matière à poursuivre. L'incompétence des associations de protection animales siégeant au CNPN et la volonté d'un haut fonctionnaire de venir en aide à un trafiquant ont permis de sauver le mis en cause, piétinant au passage le travail courageux des services de contrôle.

*

Le blanchiment du trafic de flamants roses est une performance qui s'inscrit dans la longue liste d'atteintes à la biodiversité signée par Jacques W., fonctionnaire muté parce qu'il s'est fait attraper pour une collusion similaire dans un trafic de chiens quelques décennies plus tôt.

Dans les années 1990, un bête accident automobile implique un véhicule où sont retrouvés des chiens aux oreilles coupées – en clair, des chiens qu'on a mutilés pour enlever leur tatouage. Venus constater l'accident, les gendarmes, étonnés, décident de mener l'enquête. Elle révèle que les animaux étaient destinés à un laboratoire d'expérimentation animale, donc une structure obligatoirement dirigée par un vétérinaire. Jacques W. étant lui-même vétérinaire (il a soutenu sa thèse à Toulouse en 1978), il est envisageable que son réseau de pairs l'ait contacté. Toujours est-il qu'il a publié en urgence une circulaire stipulant que les chiens destinés aux laboratoires n'ont pas besoin d'être identifiés.

L'affaire aurait dû en rester là, mais, pour une fois, des personnalités médiatiques attachées à la défense des animaux, notamment Brigitte Bardot et Dany Saval, se sont émues de l'entourloupe, et ont porté plainte. Le fonctionnaire n'a pas été radié. On l'a simplement muté. Naguère, au ministère de l'Agriculture, il est reversé dans les bureaux de ce qui n'est à l'origine que le secrétariat d'État à l'Environnement. À l'époque, c'est le piteux repère des agents placardisés – ce qui en dit longtemps sur la place de la protection de l'environnement dans la politique française... Toutefois, à partir de l'ère Mitterrand, le petit réduit, si miteux qu'il semble, prend de l'importance. Petit à petit, la mutation qui devait être une punition se transforme en une belle promotion. L'homme qui a été reconnu complice du trafic d'animaux se retrouve à la tête de la gestion, notamment :

- des réserves naturelles ;
- de la problématique des cirques ;

- des questions liées à la détention en captivité ;
- du suivi des zoos, des élevages et des centres de soins, etc.

Absurdité ou sommet de la logique française, c'est lui qui écrit la règlementation et qui rédige les arrêtés fixant le cadre d'application des lois. De 1990 à 2018, il va notamment s'escrimer – avec un succès remarquable – à détricoter les textes qui tentaient de limiter le trafic d'animaux sauvages. Je me suis souvent demandé pourquoi il s'était assigné cette tâche. Mon hypothèse est que, à l'origine, il avait une très bonne place à l'Agriculture. Grâce à la maladresse d'un chauffeur, il a été pris la main dans le pot de confiture. De grosses associations lui sont tombées dessus. Il a chuté de son piédestal. J'en suis amené à imaginer qu'il a passé le reste de sa vie professionnelle à se venger contre les défenseurs des animaux, les animaux eux-mêmes et donc la biodiversité. Je ne crois pas un instant qu'il ait commis tant de méfaits pour l'argent ou en cédant à contrecœur à la pression des *lobbies*. Même pas. L'homme ne semblait ni vénal ni faible. À mon avis, le règlement de comptes était son seul moteur ; et la rancœur est parfois une motivation encore plus puissante que le sexe ou le pognon.

8.
La zizanie associative

Alors, révoltés de voir le trafic d'animaux sauvages nourri de l'intérieur du système par des collaborateurs zélés des trafiquants ? Accrochez-vous, vous n'avez encore rien vu ! Il y a plus choquant. Dans la diminution continue des outils de protection de la faune sauvage en France, l'administration n'est pas la seule coupable. Ses décisions sont tacitement validées par les grosses associations de défense de l'environnement ou des animaux. Ces machines colossales siègent à la commission paritaire pour apporter leur éclairage, leur avis et leur expertise au ministère de l'Écologie. Comme l'aurait dit Albert Einstein, « le monde ne sera pas détruit par ceux qui font le mal, mais par ceux qui les regardent sans rien faire »... Ainsi, chaque fois qu'un arrêté délétère ayant pour cause d'inciter au trafic a été publié, pas un mastodonte du secteur - du type LPO (Ligue pour la protection des oiseaux), FNE (France Nature Environnement), SNPN (Société nationale de protection de la nature), pour ne prendre que ces exemples - n'a levé le petit doigt ou s'ils l'ont fait, c'est avec une telle retenue que personne ne s'en est aperçu. Pourtant, leurs raisons d'être sont sans ambiguïté, il s'agit de :

- « stopper la destruction des écosystèmes » (FNE) ;
- « veiller aux intérêts de la nature et de la biodiversité » (LPO) ;

- ou de« protéger les espaces et les espèces sauvages en s'appuyant sur les fondements scientifiques de l'écologie et de la biologie de la conservation » (SNPN).

De plus, ce ne sont ni des perdreaux de l'année ni des lapins de six semaines. Chaque structure se gargarise de son importance, que celle-ci soit :

- historique (la SNPN « est la première association de protection de la nature en France ») ;
- financière (la LPO est « l'une des plus importantes associations françaises dédiées à la protection de la nature ») ;
- ou sociétale (la FNE regroupe « 6 206 associations de protection de la nature et de l'environnement », soit « des centaines de milliers de militants, bénévoles ou salariés »).

Autant dire que chacune est censée être en capacité de taper du poing sur la table, de siffler la fin de la récré et d'arrêter le massacre, d'autant que leur participation à la consultation publique d'experts peut servir de caution aux « ajustements » obtenus par les *lobbies* : si la LPO n'a ni protesté ni claqué la porte, les modifications règlementaires doivent être bonnes pour la nature, n'est-ce pas ?

L'inefficacité associative est due à deux paramètres importants, l'un financier, l'autre technique. Financièrement, les grosses structures associatives, siégeant dans les commissions consultatives du ministère de l'Écologie, dépendent directement ou presque des subventions versées par ce même ministère, hésitant de fait à mordre la main nourricière. En 2011, un rapport parlementaire épinglait la Fondation Nicolas Hulot pour la Nature, la Ligue de Protection des Oiseaux et France Nature Environnement pour leurs frais de fonctionnement, qui étaient respectivement de 50 % pour FNHN, de 45 % pour la LPO et de 65 % pour FNE[4]. Dans

4. https://www.assemblee-nationale.fr/13/rap-info/i3142.asp

ces conditions, il est facile de comprendre la dépendance des associations à l'argent de l'État et facile de comprendre également que tout est fait pour ne pas froisser l'administration ministérielle au sein de laquelle œuvre Jacques W. Le même Jacques W. qui propose au ministre non seulement les noms des associations qui siègent dans les commissions paritaires, mais également le montant des subventions qui vont leur être attribuées, la proie est dans la nasse.

La deuxième raison de cette inefficacité est la méconnaissance du problème du trafic, dont le sujet est traité par quelques vieux opportunistes à qui tout le monde présente allégeance malgré la médiocrité de leur action et de leur résultat dans ce domaine. Ils ont pour la plupart vingt années de retard et ne connaissent le trafic qu'au travers du prisme des années 1980. Ils n'ont aucune connaissance des techniques de fraude et de blanchiment, aucune connaissance des réseaux et de l'organisation de ce trafic. Ils ne fréquentent que les hautes sphères de la police de l'environnement, fréquentation présentée à la façon d'un carnet d'adresses qui leur permettra de briller en commission ou dans des colloques consacrés au sujet.

Ce monde associatif parfois autosuffisant a bradé son militantisme, ce qui lui a permis de rester dans les petits papiers de la toute puissante administration ministérielle, s'assurant ainsi leur présence aux différentes commissions, symposiums et conférences organisés par cette même administration, en une énorme masturbation intellectuelle et collective dont tout le monde se fait écho. Qu'ont changé les universités de l'environnement et autre Grenelle du même nom ? Rien. Mais y participer est indispensable pour ces structures en manque de reconnaissance et surtout de moyens.

Au passage, une guerre associative se joue en coulisses où chacune d'entre elles marchera sur la tête de l'autre pour avoir l'honneur d'être reçue par son ministère de tutelle. Le gagnant aura tôt fait de s'approprier la cause de l'autre et de réclamer sa place aux commissions consultatives ou autre organe représentatif. On est bien loin de l'intérêt collectif et on comprend mieux alors le pouvoir et l'efficacité des *lobbies*. Car les chasseurs ou les zoos, lorsqu'ils défendent une position, ont un représentant qui va plaider une cause et un objectif commun. Les associations écologiques ont autant de positions que de membres, le tout porté par un troupeau braillard en sandales de cuir, barbes sales et tee-shirts militants.

Jacques W. a formé ses successeurs, au premier rang desquels Gérard B. Propulsé à la tête de la division faune sauvage captive du ministère de la Transition écologique, ce fonctionnaire est capable de donner des ordres pour orienter l'application de la législation ou d'intervenir lors de contrôles, y compris judiciaire, sans en avoir ni le droit ni officiellement aucune prérogative. Aucun politique n'ayant mis un terme au fonctionnement délétère du système W. Les successeurs actuels continuent d'être intoxiqués par la stratégie perverse de leur prédécesseur.

En pratique, le système W. & Cie, en introduisant une série interminable d'exemptions qui, associées au manque de moyens, de formation et de liberté d'initiative dont pâtissent les agents de la police de l'Environnement, et a l'inefficacité pour ne pas dire l'inaction du monde associatif, constitue la pierre angulaire du trafic d'animaux sauvages en France.

Ce phénomène est sans doute la raison pour laquelle la nature n'a jamais été aussi mal défendue. Jamais au cours des 15 dernières années on a autant parlé de biodiversité et de son érosion, jamais non plus une législation spécifique n'avait été mise en place comme la loi sur la reconquête de la biodiversité, et pourtant jamais il n'y a eu autant de disparition d'espèces au rythme actuel et jamais la biodiversité n'avait subi autant de dommages à cause du trafic.

9.
Le coup de l'imprégnation

Dans la série dévoiement de la cause, je me dois, pour être complet dans cet inventaire des origines du trafic, de faire un arrêt sur les centres de soins de la faune sauvage. Officiellement, ces institutions s'occupent d'animaux de la faune européenne blessés afin de les relâcher dans la nature. Or, régulièrement, certaines d'entre elles alimentent le trafic en cédant les individus requinqués à des parcs zoologiques. Là encore, je mets de longues années à prendre conscience de l'ampleur du phénomène.

Je commence à ouvrir les yeux grâce à ce qui se passe durant l'hiver 2014, au centre Alca Torda. Xaver, Dirk, Ulla, Godehart, Tini, Petra, Qumaria, Ruth... sont quelques-unes des 28 tempêtes qui sévissent dans l'ouest de l'Europe entre le 26 octobre 2013 et le 7 février 2014. Une quantité impressionnante d'oiseaux s'échoue sur la côte. Le nombre équivaut à la catastrophe qu'aurait provoquée une marée noire. Alca Torda accueille plus de six cents oiseaux complètement épuisés. Pendant une tempête, un oiseau cesse de s'alimenter. En haute mer, il doit surfer pendant des jours et des jours sur des vagues qui mesurent de deux à cinq mètres... jusqu'à être rabattu par le vent sur le rivage, éreinté.

Vu l'état et le nombre des oiseaux, nous déclenchons un plan d'urgence qui suit le protocole appliqué pendant les marées noires. Or quinze jours avant l'arrivée des premiers oiseaux, nous apprenons que, de Biarritz à Brest, les centres de soins spécialisés dans l'accueil des phoques sont saturés de jeunes individus en cours de sevrage également victimes des tempêtes. Je m'entretiens avec un responsable du réseau national d'échouage (RNE) basé à La Rochelle en charge de la gestion des mammifères marins et tortues en détresse. Il me confirme la nouvelle. Je l'informe que nous avons 500 m² de bâtiments et dix piscines disponibles. Certes, nous ne sommes pas capacitaires pour les phoques, mais il pourrait être malin de nous intégrer à un dispositif d'urgence. Je ne suis pas enclin à ce genre de passe-droit. Cependant, la situation m'incite à le proposer. Il suffirait de nous octroyer une dérogation sous la tutelle de l'aquarium de Biarritz, reconnu centre de soins pour ces mammifères marins. L'aquarium nous enverrait des animaux pour la partie réhabilitation, l'étape la plus simple et qui précède leur remise en liberté.

Ma proposition est agréée et nous devenons une annexe de l'aquarium de Biarritz. Je sollicite la préfecture des Landes, et j'obtiens la seule et unique dérogation de ma carrière, au service de l'intérêt général. En contrepartie, nous déposons une demande d'autorisation d'ouverture et sollicitons un certificat de capacité pour l'un de nos soigneurs, très compétent pour ces animaux. Je fais alors la connaissance du RNE des mammifères marins. Il gère le suivi et l'accueil d'animaux échoués, principalement des phoques et des tortues. Ce réseau semble fonctionner de façon complètement hermétique et sans connexion avec les structures de soins classiques. Il faut dire que sur la façade atlantique, les centres en question sont tous des zoos, à l'instar de l'aquarium de Biarritz, l'aquarium de La Rochelle ou Océanopolis à Brest.

Au total, nous récupérons sept phoques... sauf qu'ils ne correspondent pas du tout à notre accord. Nous devions récupérer des animaux soignés et quasi requinqués, nécessitant juste de reprendre du poids en piscine. Au lieu de cela, nous nous retrouvons en fait avec des individus qui semblent peu ou prou au bord de l'agonie. Pas le genre de spécimens que l'on envoie à des novices, d'aussi bonne volonté soient-ils. Pourquoi cette erreur de *casting*? J'ai tendance à penser que certains avaient mal vu que la fédération des chasseurs des Landes obtienne un agrément pour soigner des phoques et soit à long terme intégrée dans le RNE. En nous envoyant les cas les plus difficiles, il est possible que certains mécontents aient espéré que les animaux meurent chez nous afin de prouver notre incompétence.

Si tel était leur l'espoir, il a été déçu, car nous avions deux atouts dans notre jeu. D'une part, la présence du futur capacitaire, dont l'expérience et le savoir-faire étaient parfaitement adaptés à la situation. D'autre part, la collaboration d'une vétérinaire spécialisée dans la faune sauvage qui, peu de temps avant, est venue nous offrir son aide au long de l'année de césure qu'elle avait décidé de s'octroyer. Elle proposait de travailler bénévolement pour le centre contre le seul prêt d'un logement. Devinez notre réponse. Avec ces deux atouts, nous parvenons à sauver les sept phoques qui nous avaient été amenés à bout de forces. 100 % de réussite pour une première opération, ce n'est pas rien!

*

L'expédition d'animaux moribonds par l'aquarium de Biarritz m'a rendu méfiant. Régulièrement, au cours de cette crise, je scrutais les échouages à travers les nouvelles que donne l'institution via son compte Facebook. Un jour, nous apprenons qu'un vieux phoque mâle qui faisait l'admiration des visiteurs du zoo marin biarrot vient de mourir. Aussitôt, je comprends ce qui va se passer et lance à mon équipe :

— Ma main à couper qu'ils vont en garder un nouveau pour remplacer le mort !

— Mec, plus ça va, plus tu deviens parano, me rétorque un collègue en rigolant.

Parano ? Peut-être. Mais lucide aussi : la suite a prouvé que l'un n'empêchait pas l'autre.

Quatre jours après l'annonce du décès, un jeune phoque s'échoue sur une plage de Biarritz. Avant même toute expertise de l'animal, la communication de l'aquarium annonce, émue, que cet échouage est un cadeau du ciel, et que l'individu sera donc gardé captif à Biarritz[5]... sous prétexte qu'il a été apprivoisé. L'expertise confirme évidemment ce diagnostic, puisque l'institution qui diligente l'examen est celle qui va ensuite exploiter l'animal. Le musée de la mer comme beaucoup d'autres aquariums se comporte en trappeur qui capture pour exploiter commercialement la faune sauvage sous prétexte de la sauver ou de la faire découvrir. Ce comportement semble validé tacitement par le RNE puisque le musée de la mer, et notamment son capacitaire, en est le représentant pour la partie sud atlantique[6] et que la technique du maintien en captivité sous prétexte d'apprivoisement des phoques est connue de tous.

Pourtant au sein du RNE siègent l'Office français de la biodiversité, le Muséum national d'Histoire naturelle, le ministère de l'Agriculture, et tout ce petit monde valide le principe de la capture illégale et du maintien en captivité dans la mesure où « les spécialistes » ont expertisé les animaux concernés et déterminé qu'ils n'étaient pas relâchables. Ils seront donc présentés au public au

5. https://www.aquariumbiarritz.com/fr/izar-nouvelle-etoile-dans-le-bassin-des-phoques/

6. https://www.observatoire-pelagis.cnrs.fr/wp-content/uploads/2020/12/RapportEchouages2011.pdf

nom de la « pédagogie et de la conservation », devenues en 10 ans le sauf-conduit qui permet de rendre la captivité tolérable aux yeux du grand public et d'en justifier le principe.

Parmi les phoques présentés à Biarritz, certains seront exploités pendant plus de vingt ans sans aucune autorisation et en violation de l'ensemble des textes de protection de l'espèce. En effet, la DREAL Aquitaine (Direction régionale de l'environnement de l'aménagement et du logement) n'accordera que fin 2015 une dérogation pour la « détention définitive d'espèces animales protégées ». L'autorisation 2015-149-011 précise que l'un des phoques a été capturé en 1995 et l'autre en 2005[7]. Sans dérogation, ils ont été impunément exploités, l'un pendant dix, l'autre pendant vingt ans sans aucun contrôle, probablement victimes du prétexte de « l'imprégnation ». Or pour qu'un animal soit imprégné, il faut qu'il arrive très jeune dans un centre de soins et subisse :

- l'incompétence d'un soigneur ;
- la volonté de conserver l'animal en prétextant son imprégnation ;
- et la fausse imprégnation, celle qui n'existe pas, mais qu'un expert complice constatera pour complaire à un exploitant sans éthique.

---

7. https://www.pyrenees-atlantiques.gouv.fr/contenu/telechargement/13029/88368/file/Recueil+n°30+du+23+juillet+2015.pdf

10.
L'arnaque aux tortues

Plus j'ai l'occasion d'approfondir mes connaissances et d'accumuler de l'expérience, plus je constate que le trafic prospère souvent en se dissimulant derrière des opérations d'intérêt général. Autant les centres de soins de la faune sauvage sont de beaux projets en soi, autant ceux dirigés, inféodés ou financés par des zoos qui tirent bénéfice de la captivité animale sont, *a minima*, une farce qui engendre du trafic d'animaux sauvages.

Je veux illustrer ce propos avec un exemple autour des espèces de la faune européenne les plus fréquemment blanchies par les centres de soins des zoos et commercialisées avec la complicité de l'administration française : les tortues de mer. En Europe, une trentaine d'entre elles sont détenues dans une douzaine d'aquariums. Tortues :

- caouannes (*Caretta caretta*) ;
- vertes (*Chelonia mydas*) ;
- luth (*Dermochelys coriacea*) ;
- imbriquées (*Eretmochelys imbricata*).

Toutes sont issues de la nature et ont été capturées illégalement sous prétexte de leur venir en aide. Le Marineland d'Antibes semble même s'être fait une spécialité de cette récupération de tortues marines issues du milieu naturel. Pourtant, il affirme être spécialiste de la naissance en captivité alors qu'aucun des 29 zoos marins du monde, détenant 370 individus, n'est parvenu à cet exploit.

Or entre 2010 et 2011, ce zoo marin déclare la naissance de neuf tortues caouannes[8]. Outre l'exploit étouffé de ce qui serait une première mondiale, ces tortues pourtant censées être nées en captivité sont déclarées soit de parents indéterminés, soit de père indéterminé. Entre 2017 et 2020, le Marineland a capturé neuf tortues caouannes, dont trois ont été relâchées en 2016[9], que sont devenues les autres ? Pourtant la fiche Zim's des tortues de Marineland, éditée en 2020, montre que ces animaux sont toujours dans l'aquarium.

L'association Marineland a infiltré jusqu'à la société herpétologique de France au travers du Réseau Tortues Marines de Méditerranée Française, le RTMMF, dont elle a cofinancé les travaux permettant de faire oublier aux yeux des crédules les captures interdites de tortues marines à des fins commerciales et d'afficher une participation à un organisme de protection facilitant sans doute l'obtention de contacts et d'autorisations[10].

Marineland fait partie des zoos marins qui ont fondé un centre de soins au même titre que l'aquarium de Biarritz, de Nausicaa à Boulogne, d'Océanopolis à Brest, du Seaquarium du Grau-du-Roi ou l'aquarium de La Rochelle dont le centre a recueilli 186 tortues de mer, recueilli ne voulant pas dire relâché. D'ailleurs d'où viennent celles qui sont présentées dans cet aquarium ?

En France, pas une tortue marine n'est présentée au public, en conformité avec les règles de la CITES, mais tout le monde semble

8. https://www.sauvage.bzh/sommaire/?dir=Chapitre10/Tortues
9. https://www.sauvage.bzh/sommaire/?dir=Chapitre10/Tortuesrelachées
10. https://www.sauvage.bzh/sommaire/?dir=Chapitre10/RTMMF

s'en accommoder puisqu'il s'agit de conservation... Notons que, dans ce domaine, le problème n'est pas exclusivement hexagonal. Les acteurs français ne font que suivre un modèle de trafic mondial. Un exemple ? Morgane, une orque capturée le 23 juin 2010 en mer de Wadden, au nord-ouest des Pays-Bas. Elle a été prise en charge par le delphinarium de Harderwijk étant jugé « trop faible, très amaigrie, complètement déshydratée ». Elle devait être gardée le temps de sa remise en forme, mais, ô surprise ! le delphinarium a tout fait pour que l'animal ne soit pas relâchable. Dès son arrivée, l'orque a été placée dans un bassin « ridiculement petit » où « le public paie pour la voir et frapper au carreau de son bocal ». Dix-huit mois plus tard, au lieu d'être renvoyée parmi les siens, en mer de Norvège, elle est transférée à Loro Parque de Tenerife. Entre les spectacles, le zoo tente de la faire inséminer par un de ses congénères[11], alors qu'il se présente comme une entreprise qui a « sauvé plus de 42 000 animaux malades, blessés ou orphelins avec trois missions : "sauvetage, réhabilitation et relâché" »[12]. Moins hypocritement renommée United Parks & Resorts Inc., l'entreprise mère :

- a engrangé 1,7 milliard de dollars de revenus[13] ;
- emploie plusieurs dizaines de milliers d'employés ;
- est la propriété de Hill Path Capital, dont le fondateur, Scott Ross, est « chairman of the Board of Directors of SeaWorld »[14].

On imagine en effet que ces financiers obsédés par l'argent travaillent, avant tout, pour le bien-être de la faune sauvage marine

11. https://www.blog-les-dauphins.com/orque-morgane-maintenue-en-captivite-au-delphinarium-de-harderwijk/
12. https://unitedparks.com/commitment/animal-rescue-rehabilitation/
13. https://s1.q4cdn.com/392447382/files/doc_financials/2024/ar/PRKS-2024-Annual-Report.pdf, p. 48.
14. https://seaworld.com/scott-ross-hill-path/

En mars 2025, *Sciences et avenir* annonçait que le projet de reproduction de la malheureuse orque était sur le point d'aboutir[15]. Ce qui a causé son malheur : sa capture est inestimable pour un zoo marin. En théorie, une telle prise est interdite. Mais en pratique…

*

Ce n'est pourtant pas la première fois que le Loro Parque est éclaboussé par une affaire de trafic de faune sauvage. Entre 1985 et 1990, Tony Sylva, chef soigneur de l'établissement a importé clandestinement 185 individus, des aras hyacinthe (*Anodorhynchus hyacinthinus*) entre autres, pour un montant de 1,3 million de dollars. Il écopera de sept années d'emprisonnement[16]. Pourtant, la fondation Loro Parque dit travailler pour la protection des perroquets du monde, tout en procédant à la vente de plusieurs centaines d'entre eux chaque année, cherchez l'erreur[17].

Cette malheureuse affaire illustre deux tendances. D'une part, dès qu'une espèce est intéressante en termes de retour sur investissement, le moindre individu prétendument soigné pour être relâché peut terminer dans un zoo après avoir transité par un centre de soins. D'autre part, si certaines formes du trafic d'animaux sauvages préfèrent encore rester discrètes, d'autres, au contraire, se pratiquent au grand jour, avec l'aval, voire les encouragements des pouvoirs et des administrations en place.

L'intérêt des zoos pour les centres de soins permettrait non seulement de verdir un peu plus leur image, mais également de se fournir en direct dans la nature, sans passer par l'intermédiaire des centres de soins, les animaux passant du producteur (leur centre de soins) au consommateur (leur zoo) sans aucun autre intermédiaire.

15. https://fr.news.yahoo.com/enquete-l-histoire-morgan-orque-172554879.html
16. https://www.sauvage.bzh/sommaire/?dir=Chapitre10/Tony%20Sylva
17. https://avesdojorge.com/wp-content/uploads/2021/03/LPF-28-05-2025.pdf

Pour moi, ce constat est effrayant. Défenseur des animaux sauvages, je pensais être du côté des gentils. Je découvre que les méchants sont *aussi* du côté des soi-disant gentils. Certains centres de soins sont vérolés. J'en ai vraiment pris conscience fin 2014, quand l'Union française des centres de sauvegarde de la faune sauvage (UFCS) cherchait un site pour accueillir son assemblée générale. J'ai une certaine fierté à me porter candidat au nom d'Alca Torda, et une fierté supplémentaire quand j'apprends que le centre où je travaille alors a été choisi comme point de chute. À cette époque, 90 % des centres de soins adhérents me sont inconnus. J'imagine leurs représentants comme des passionnés, des volontaires, des durs à cuire ayant affronté une multitude de difficultés matérielles en général et financières en particulier, bref, des gens qui sont parfois contraints de bricoler à contrecœur, mais qui demeurent toujours soucieux de s'évaluer, de se former et de garder au centre l'obsession de notre métier : soigner pour relâcher.

Et voilà que, au cours de l'AG, le responsable d'un centre de soins de Millau, dans le Larzac, en vient à expliquer qu'il a participé pendant des années à un programme de réintroduction du faucon crécerellette (*Falco naumanni*), petit rapace méditerranéen migrateur extrêmement rare en France. Le cheptel de départ est constitué d'oiseaux sauvages blessés et non relâchables. Au début, reproduction et réintroduction étaient pratiquées de manière totalement illégale. La régularisation s'est faite *a posteriori*, mais le programme a tellement bien fonctionné que la réintroduction a été arrêtée sur ordre du ministère de l'Écologie. Et, tout fiérot, le gars nous annonce que, dorénavant, « les jeunes qui naissent sont vendus à des zoos pour payer le prix des graines ».

Ses propos me font bouillir. Étant l'hôte de la manifestation, je ne peux me permettre d'exploser. En même temps, je ne peux pas davantage ne pas réagir. Je viens d'entendre évoquer des pratiques tellement contraires à ce qui me semble être notre éthique commune, et surtout tellement contraires au droit, que je m'autorise à intervenir. Je m'étonne que l'animal dont les parents sont de provenance sauvage puisse se voir attribuer un certificat intracommunautaire (CIC) qui rend sa vente légitime. Le conférencier me rassure et m'apprend que, à la DREAL Occitanie, travaille un gars qui, depuis des années, donne des CIC pour ce type d'individus. Aux crécerellettes, il a attribué – le Graal – des CIC source C, c'est-à-dire à vocation commerciale, alors que ces documents sont exclusivement réservés à des animaux de provenance captive et régulièrement acquis. Pour moi, c'est un déclic. Je n'ai pas passé ma vie à lutter contre le trafic d'animaux sauvages pour découvrir que les mecs qui sont censés être de mon milieu et de mon obédience sont, en réalité, passés du côté obscur de la force.

L'assemblée générale se termine sur un *clash* terrible. La fête est plus que gâchée. Gilles Moyne et moi-même décidons de retirer nos centres de l'UFCS et de démissionner pour ne pas être associés à ce qui s'est révélé être une farce sinistre. Ma fierté a laissé place à un mélange de consternation, d'amertume et de colère. De quoi alimenter ma volonté de poursuivre ce que je sais, en mon for intérieur, être à la fois :

- ma bataille ;
- ma mission ;
- et ma raison d'être.

*

Cette expérience de l'assemblée générale de l'UFCS me fait prendre conscience que non seulement des centres de soins de la faune sauvage fournissent régulièrement des zoos, mais surtout que cette pratique est réalisée avec une décomplexion rare.

Ainsi, le centre de Millau, très actif dans le domaine de la fourniture du vivant au monde zoologique, annonce, via son réseau Facebook en 2017, exporter un vautour fauve au Rocher des Aigles, sous prétexte d'être « imprégné »[18]. L'histoire ne nous dit pas si le Rocher des Aigles fera un don au centre de Millau pour le remercier comme le font certains zoos.

Ce que l'on sait en revanche, c'est que le Rocher des Aigles avait son propre centre de soins qui aura fonctionné 37 ans. Trente-sept années durant lesquelles l'établissement affirme avoir accueilli et soigné 4 000 oiseaux, tout en précisant sans scrupules que les animaux qui n'étaient pas lâchables restaient au Rocher des Aigles[19].

Certains zoos font ouvertement leurs courses dans les centres de soins français, à l'instar du zoo de Doué-la-Fontaine qui, la même année, cherche des vautours pour sa nouvelle attraction « Les Fantômes de l'Himalaya ». Par un courrier envoyé dans des centres de soins, son directeur informe qu'ils sont prêts à recevoir des vautours handicapés dans leur nouvel enclos qui a de grandes capacités permanentes[20]. Il suffit de croiser cette information avec les pages Facebook de certains centres de soins comme Hegalaldia dans les Pyrénées pour s'apercevoir que les oiseaux donnent lieu à des transactions financières déguisées.

Ainsi, le 24 mai 2016, Hegalaldia annonce, via sa page Facebook, avoir confié au zoo de Doué-la-Fontaine trois vautours (deux fauves et un percnoptère) handicapés et donc incapables d'être relâchés[21].

18. https://www.sauvage.bzh/sommaire/?file=Chapitre10/Rapacecentrede-soins/13.png
19. https://www.sauvage.bzh/sommaire/?file=Chapitre10/Rapacecentrede-soins/14.png
20. https://www.sauvage.bzh/sommaire/?file=Chapitre10/Rapacecentrede-soins/15.png
21. https://www.sauvage.bzh/sommaire/?file=Chapitre10/Rapacecentrede-soins/hegalaldia2.png

Le 15 janvier 2017, toujours via Facebook, le centre remercie chaleureusement le zoo de Doué pour son don de... 3 000 €[22]. L'opération sera réitérée le 15 juin 2017 pour un vautour fauve supplémentaire[23]. Ce centre « exportera » ainsi sept vautours fauves (*Gyps fulfus*) et deux vautours Percnoptères (*Neophron percnopterus*) à deux zoos différents, Doué-la-Fontaine et le Parc des Pyrénées, ce dernier ayant également fait un don de 2 000 €[24].

En contrepartie, le centre Hegalaldia assure une prestation de communication via ses organes de presse ou directement sur site, permettant de montrer à quel point ces zoos sont « impliqués dans la conservation »[25].

Sur les 25 vautours présentés pour « Les Fantômes de l'Himalaya », 24 viennent directement du milieu naturel par l'intermédiaire des centres de soins français ou espagnols. Ce mélange des genres et le risque de dérapage qu'il engendre est dangereux, surtout au regard de l'histoire des centres de soins en général et du centre Hegalaldia en particulier, dont les alertes régulières diffusées sur son compte Facebook et dans les médias mettent en évidence les problèmes chroniques de financement et un risque permanent de fermeture, pour cause de manque de moyens. Mais l'opération semble tacitement validée par la toute puissante LPO puisqu'Allain Bougrain Dubourg en personne se fait photographier en présence des vautours fraîchement récupérés et présentés au zoo de Doué-la-Fontaine[26].

---

22. https://www.sauvage.bzh/sommaire/?file=Chapitre10/Rapacecentredesoins/Hegaladial3.png
23. https://www.sauvage.bzh/sommaire/?file=Chapitre10/Rapacecentredesoins/Hegalaldia4.png
24. https://www.sauvage.bzh/sommaire/?file=Chapitre10/Rapacecentredesoins/Hegalaldi1.png
25. https://www.sauvage.bzh/sommaire/?file=Chapitre10/Rapacecentredesoins/Vautoursladepeche.fr.pdf
26.https://www.sauvage.bzh/sommaire/?file=Chapitre10/Rapacecentredesoins/RefugeLPODoue.pdf

La LPO qui d'ailleurs n'échappe pas à la pratique puisque sa section Aquitaine place dans des zoos des faons, pourtant non imprégnés, directement auprès de la bourse aux animaux de l'AFdPZ, le syndicat des zoos[27].

Les faons comme les renards, qui font partie de ces espèces dont l'accueil en centre de soins signe presque à 100 % leur condamnation à la captivité en raison de l'imprégnation qui résulte de leur élevage au biberon mal géré ou du refus pur et simple de relâché dans la nature par les soigneurs sous prétexte que les chasseurs risquent de les tuer. En revanche, l'accueil de ces espèces permet de faire du chiffre, du buzz, de la publication Facebook et donc des dons[28].

---

27. https://www.sauvage.bzh/sommaire/?file=Chapitre10/Rapacecentrede-soins/LPO%3AAFDPZ.png.
28. https://www.sauvage.bzh/sommaire/?dir=Chapitre10/Faon

11.
Le cauchemar des aras empoisonnés

En 2014, alors que la partie accueil d'oiseaux saisis du centre Alca Torda fait la démonstration de son utilité, la police de l'environnement de la Manche m'informe qu'une importante saisie a eu lieu chez l'un des plus gros éleveurs de perroquets de France. Faute de lieu d'accueil *ad hoc*, les perroquets ont été conservés par les contrevenants en attendant que le tribunal prenne une décision définitive. En réalité, la procédure initiale a deux ans, le procès en appel est prévu très prochainement et l'autorité a de bonnes raisons de penser que la saisie va être confirmée et transformée en confiscation. D'où la nécessité de trouver un lieu d'accueil aux oiseaux dont certains appartiennent à des espèces très rares. De toute évidence, nous sommes un candidat sérieux pour répondre à la demande, mais surtout nous sommes le seul. La suite de la procédure confirme effectivement le pressentiment de mon interlocuteur. Quelques mois après ces premiers contacts, je suis sollicité pour aller chercher les 70 perroquets en question.

Une intervention comme celle-là se prépare avec infiniment de précaution. Des caisses de transport spéciales ont été fabriquées par nos soins, car n'existant pas sur le marché. Et, ne sachant jamais quelles vont être les conditions de travail, un ensemble de tenues d'intervention, de masques, de gants, de pédiluves est également embarqué. Nous sommes accompagnés par la gendarmerie et la police de l'environnement. Même si je connais ce genre de travail par cœur, je sais que je vais être ausculté à la loupe et que, pour l'agent en charge du dossier, cette saisie se fait sous forte pression. Quand je débarque avec une équipe de trois personnes, je constate que nous sommes attendus de pied ferme par l'éleveur. Je regarde l'état général des bâtiments, je prends en compte les aspects sanitaires, je vérifie la taille des portes ; j'évalue la dimension des pièces pour voir si l'on va pouvoir entrer à une ou plusieurs personnes ; j'estime la facilité que nous aurons à évacuer les caisses ; j'énumère les difficultés potentielles ; bref, j'expertise le site.

Comme souvent dans les bâtiments d'élevage pour perroquets, ceux-ci sont constitués d'un grand couloir central qui distribue les volières, à droite et à gauche. Je traverse le couloir pour estimer le nombre d'oiseaux que je vais effectivement récupérer. Curieusement, ils ont été rassemblés dans la même partie de l'élevage comme pour limiter l'accès au reste de la structure. Rapidement, je découvre qu'un oiseau qui, quelques secondes plus tôt, était en parfaite santé git au sol en pleine convulsion. Il tremble, crie, bas des ailes. Il est visiblement en pleine agonie. Le drame, c'est qu'il s'agit d'un oiseau très rare dont la valeur patrimoniale est quasi inestimable et dont la population dans la nature est de moins de dix à quinze mille individus au monde. Il est de plus très cher et pour cause (on parle d'un spécimen à quinze mille euros). L'oiseau en question est un ara hyacinthe (*Anodorhynchus hyacinthinus*), un perroquet non seulement magnifique, mais c'est surtout le plus grand perroquet du monde.

Je me précipite dans la volière et j'emmaillote l'oiseau dans une serviette-éponge pour éviter qu'il ne se blesse en convulsant. Quarante secondes plus tard, il meurt dans mes bras. Je ne comprends pas ce qui a pu causer sa mort.

C'est l'agent en charge du contrôle qui va éclairer ma lanterne. Il m'informe que, pendant que je secourais l'ara, le propriétaire, dans l'encoignure de la porte, affichait un petit rictus satisfait. Pour le fonctionnaire, le sens de cette mimique est sans ambiguïté : « Hé hé, puisque nous ne les aurons plus, vous ne les aurez pas non plus ! » L'empoisonnement de l'oiseau sera prouvé plus tard. Au-delà de la débilité révoltante de l'acte, cela constitue un crime inacceptable contre la biodiversité.

Le tour des volières nous réserve d'autres surprises de cet acabit. Quelques minutes plus tard, un ara rouge (*ara macao*) meurt devant moi, avec le même tableau clinique ; et le carnage continue peu après. Trop, c'est trop. Je décrète l'interruption du contrôle et demande à la gendarmerie de saisir le procureur de la République en expliquant que, d'une part, nous avons affaire à des oiseaux extrêmement précieux et que, d'autre part, sur les 70 individus que je dois récupérer, seuls 20 sont encore en vie, les autres sont morts en amont du contrôle. Quand je m'étonne de leur absence dans les volières, on me sort des sacs de cadavres congelés dans lesquels se trouvent des spécimens encore plus rares que l'ara hyacinthe. Les cadavres montrent des signes de mauvais traitements. Certains ont été congelés en état de putréfaction. Autrement dit, ils ont été laissés dans les volières cinq à six jours après leur décès.

Le procureur valide ma demande de fouiller un peu le sujet. Il m'enjoint d'accompagner la police de l'environnement pour refaire la totalité du contrôle. Il m'encourage à demander la saisie de tout oiseau que je considérerais en danger dans cet établissement. Ce qui s'annonçait comme une simple saisie, pour laquelle quelques heures suffisaient, se transforme en un contrôle de trois jours sur trois cents perroquets. Nous changeons de braquet. Monsieur Rictus satisfait risque de s'en souvenir.

*

Dans les volières, nous allons de cauchemar en cauchemar. Les conditions sanitaires sont à ce point déplorables que, quand nous entrons dans une nurserie saturée d'odeurs d'ammoniaque, nous sommes contraints d'utiliser des masques à cartouche. Ce contrôle me donne l'occasion de dispenser une formation accélérée à la police de l'environnement, notamment sur les bagues. Alors qu'un œil non averti aurait pu les trouver normales, je montre aux fonctionnaires qu'il n'en est rien. La bague n'est pas la preuve que l'oiseau est légal, loin de là – même si, souvent, faute de formation technique et faute de savoir manipuler l'animal, même les agents les plus scrupuleux passent à côté de l'entourloupe. En l'espèce, la plupart des bagues sur lesquelles nous tombons ne sont pas du bon diamètre, s'enlèvent, sont en partie effacées, sont belges alors que l'oiseau est censé être de provenance française, etc. Ces astuces, souvent inconnues des agents chargés de faire respecter la loi, ne sont que quelques exemples parmi la palanquée d'entourloupes que j'ai listées dès 2016 dans un document de plus de cent pages, intitulé *Commerce d'oiseaux en France, les raisons du trafic*. Dans ce dossier, réalisé et distribué gratuitement aux agents de contrôle français, je décris l'état du trafic, le contexte législatif, les techniques de fraude, les schémas du blanchiment et de nombreuses méthodes qui permettent aux agents de déceler une détention ou une transaction frauduleuse.

Au bout de soixante-dix heures, nous repartons avec cent perroquets, saisis soit pour détention illégale ou détention dans des conditions qui les mettent en danger. Le temps de la procédure, ils sont confiés au centre Alca Torda. Cependant, au cours du contrôle, s'étonnant de mon retard, le directeur de la fédération de chasse landaise m'a envoyé un message. Dès que je peux, je lui réponds avec une photo des cadavres des oiseaux que nous aurions dû héberger, alignés dans l'herbe pour les besoins du comptage. Un cliché vaut souvent mieux qu'un long discours! Aussi sec, mon employeur republie l'image sur les réseaux sociaux, où elle explose tous les compteurs en dépassant les six millions de vues en moins de deux heures.

Le lendemain matin, un torrent d'insultes s'est déversé sur les réseaux à mon endroit. Les menaces qui accompagnent ce déferlement de haine nous obligent à sanctuariser l'établissement et à le placer sous vidéoprotection. L'objet de cette vindicte? Nous n'aurions pas trouvé les animaux morts, nous les aurions euthanasiés sur site. Devant notre fermeté ébahie et notre décision de ne pas laisser passer les accusations diffamatoires, la plupart des critiques vont manger leur chapeau et battre en retraite, avant que nos promesses de poursuites n'entrent en action. La protection animale est un sujet inflammable. Il véhicule beaucoup d'émotions et révèle donc souvent la bêtise ou la malveillance, surtout quand des rumeurs d'euthanasie à grande échelle sont soufflées par des éleveurs solidaires de leurs confrères.

Même si cette triste saisie n'est que la partie émergée d'un immense iceberg, le trafic d'oiseaux sauvages n'est pas une fatalité. Comme beaucoup de trafics, il est l'émanation illégale d'un commerce légal, d'où l'intérêt d'une règlementation claire qui permet de distinguer sans ambiguïté ce qui relève du droit (le commerce légal) et ce qui relève du délit (le trafic). Certes, il répond à une demande, mais il perdure avant tout parce que la volonté de l'éradiquer n'existe pas. Des élevages de plusieurs centaines d'oiseaux peuvent exister en toute illégalité grâce à la conjonction de deux phénomènes : un, les contrôles sont rarissimes; deux, quand contrôles il y a, ils sont souvent d'une qualité et d'une minutie très insuffisantes. Si, demain, une armée de contrôleurs dûment formés était envoyée dans les établissements zoologiques de France ou chez les éleveurs, au moins un tiers des oiseaux seraient saisis, pour ne parler que de ces animaux. Sauf qu'il manque la volonté, les moyens donc les compétences, l'indépendance des organismes de contrôle et des centres d'accueil à la hauteur de l'enjeu.

12.
La réintroduction impossible

Le bruit digital, suscité par le charnier que nous avons découvert, a eu un effet positif : j'entre dans les radars du World Parrot Trust (WPT), une association américaine de protection des psittacidés. Fin 2016, un représentant francophone du WPT me contacte pour m'informer que des dizaines de perroquets gris du Gabon (*Psittacus erithacus*), faisant partie d'un lot de plus de trois cent cinquante animaux, ont été saisis depuis quasiment trois ans et placés dans un zoo bulgare, en attente d'une solution. Premier problème : cet établissement ne veut plus les garder. Second problème : moi, j'ai quitté le centre Alca Torda depuis environ six mois. Je ne dispose donc d'aucune structure pour conserver ces animaux - « une trentaine », annonce mon contact. Je me retrouve malgré tout à cogiter intensément. D'un côté, je n'ai pas envie de dire non, et je n'aime pas l'idée que ces oiseaux soient en danger; de l'autre, je ne peux me résoudre à bricoler une solution bancale. C'est alors que Noëlle, une éleveuse de perroquets devenue une amie, me dit : « J'ai un peu de place dans mes volières et j'en ai une grande de vide qui serait tout à fait capable de recevoir ces oiseaux ». Je saute sur l'occasion et, quelque temps plus tard, nous filons à l'aéroport de Toulouse pour recevoir les trente oiseaux en provenance de Bulgarie.

Curieusement, bien qu'il s'agisse d'oiseaux protégés, aucun document n'est exigé par la douane, peut-être parce que cela se passe à l'intérieur de la Communauté européenne. La compagnie chargée du transport ne nous pose pas davantage de questions. Au cas où nous avions un doute, cette opération montre à quel point il est aisé de faire circuler de grosses cargaisons de ce type d'oiseaux. Reste que, quand nous ouvrons les boîtes de transport, c'est la douche froide. Après plusieurs années de captivité, les perroquets sont dans un état épouvantable. Près de 90 % des individus sont incapables de voler. Les plumes, que ce soient celles de la queue ou des ailes, sont rognées, cassées, abîmées. Je n'en reviens pas.

Que des animaux arrivent dans cet état quand ils viennent d'être saisis dans leur pays d'origine, c'est fréquent. Sur le continent africain, ils sont capturés au filet ; ensuite, on leur coupe les ailes à la machette, de sorte que leurs plumes sont arrachées sous ces actes de torture. En revanche, que des oiseaux détenus en Europe depuis plusieurs années soient aussi mal en point, c'est incompréhensible. Passé l'étonnement, nous prenons en charge les gris, conscients du défi et de la difficulté de la mission. Je pense aux phoques quasi mourants que nous avons sauvés jadis : pourquoi pas les gris ?

Mon premier réflexe est d'essayer de comprendre ce qui a bien pu arriver à mes nouveaux hôtes. L'état de l'animal en dit souvent long sur son histoire. En enregistrant, pesant, photographiant et auscultant les gris, je comprends ce qu'il s'est passé. Lorsque les oiseaux sont tranquillement dans leur volière, ils se positionnent toujours en hauteur sur des perchoirs ou sur des grilles. Comme il s'agit d'animaux sauvages, dès que quelqu'un entre dans la volière, le moindre bruit, la moindre vibration, le moindre claquement de porte sèment la panique. Rendus incapables de voler, ils tombent. L'examen de chaque captif confirme mon intuition. Quand nous enregistrons nos pensionnaires l'un après l'autre, nous constatons de nombreuses fractures de pattes et du bréchet, cette extension du sternum qui fait partie de la cage thoracique (c'est là où s'insèrent les muscles nécessaires au vol). L'état de ces oiseaux en dit long, aussi, sur l'incompétence des établissements auxquels ils ont été confiés.

Mon amie et moi mettons en place une stratégie pour rendre au plus vite à ces oiseaux la capacité de voler. Lorsque nous approchons de la volière, nous parlons, nous sifflons, nous tapons très légèrement sur la porte afin d'éviter l'effet de surprise. Ainsi, tous les oiseaux au sol ont le temps de se positionner en sécurité et il n'y a pas d'effet de surprise. De plus, les gamelles sont positionnées le plus loin possible des perchoirs, de sorte que nous pouvons y accéder sans déclencher de panique et donc en évitant les chutes. Il faudra du temps à nos protégés pour retrouver leur splendeur. Néanmoins, en quelques jours, notre protocole porte ses fruits, et les nouveaux venus regagnent une certaine sérénité, préalable indispensable à leur réhabilitation.

*

Satisfait de notre travail, le WPT nous sollicite à nouveau pour la prise en charge de 50 perroquets issus de la même saisie, mais détenus dans un zoo hongrois. Nous hésitons, car 80 individus, ça finit par faire beaucoup. Néanmoins, d'un strict point de vue technique, un gros groupe d'oiseaux, si ses membres sont peu ou prou dans le même état, donc soumis à un protocole identique, ça se tente. Noëlle, l'amie éleveuse, me propose de mettre à disposition de l'association le Biome – que je préside et qui est la structure responsable de ces opérations – une parcelle de terrain à proximité de l'élevage. L'idée est d'y installer des mobil-homes de chantier et d'y construire des volières pour regrouper les oiseaux. 65 ans, et une solution à tous les problèmes cette Noëlle. Alors soit. Nous signons un accord avec le gouvernement hongrois (le WPT sert d'intermédiaire et de traducteur) et entamons la construction des soixante-dix panneaux de volières nécessaires à l'édification d'un grand espace de vol pour ces 80 oiseaux, sans doute le plus grand groupe de gris détenu en un seul lot. L'objectif est de retaper les oiseaux pour les rendre ensuite à la nature.

Comme, jusqu'à présent, tout était trop simple, nous apprenons que ces oiseaux ne viendront pas à nous. Il nous faut aller les chercher en Hongrie. Pas de quoi m'échauder ! Je loue une voiture et traverse une partie de l'Europe, salué par la neige et par la pluie. Le rendez-vous avec le zoo, qui a quand même effectué une partie de la route pour venir à notre rencontre, est donné sur le parking d'un routier à mi-chemin. Le décor est lunaire. Je me retrouve au milieu d'une immense plaine agricole, battue par les vents et les flocons avec, au centre, un restaurant établi au bord de la route qui traverse le pays. Nous changeons les caisses de véhicules, et le voyage retour me confirme à quel point il est facile de traverser l'Europe avec cinquante oiseaux protégés : pas un contrôle, pas une vérification, pas un douanier. C'est effarant, même si, pour ma part, j'ai évidemment déclaré ce transport à la DREAL, à l'OFB et à la préfecture du département.

Pendant deux ans, nous allons multiplier les expertises vétérinaires, nous préoccuper de la santé des oiseaux, nous investir pleinement pour rendre volants ces deux groupes. Tous les jours, nous devons collecter des fruits et légumes dans les grandes surfaces du coin pour les 25 kilos de nourriture fraiche quotidienne dont ils ont besoin. En moins de huit mois, les oiseaux font leur mue. Les plumes cassées tombent. Petit à petit, les perroquets reprennent de la vigueur. Ils se remettent à voler. Nous pourrons bientôt les relâcher. Je suis heureux et satisfait de cette évolution. Cependant, dans le cadre de ce livre, il faut se demander quelle leçon on peut tirer, à ce stade, de l'expérience.

La leçon principale est que, sauf exception, les soigneurs des parcs zoologiques, même de bonne volonté, ne sont pas à la hauteur des missions qui leur incombent. Les moyens consacrés par les zoos à la conservation sont calamiteux, mais la formation de leurs employés est souvent très insuffisante. Pour preuve, en quelques mois, nous avons fait ce que des structures aux moyens autrement plus conséquents que les nôtres n'ont pas été capables de réaliser en plus de trois ans. Mais ces résultats ne sont pas une finalité en soi : il nous reste à boucler la boucle en relâchant nos pensionnaires.

*

Pour qu'un animal soit relâchable, il doit répondre à plusieurs critères :

- ne pas être malade ;
- ne pas avoir de comportement rédhibitoire (signalant, par exemple, qu'il est imprégné) ;
- ne pas avoir été hybridé avec une autre espèce ou sous-espèce ;
- pouvoir être accueilli dans un territoire libre de toute cause d'extinction directe.

Nous savons que ces perroquets sont tous de provenance africaine, et qu'aucun d'eux n'est issu d'élevage. Au fil des examens, nous prouvons que les perroquets ne sont porteurs d'aucune pathologie, provisoire ou définitive. Aussi passons-nous en quête d'un site d'accueil ; et c'est là que les problèmes commencent.

Le WPT veut trouver un point de chute en Afrique de l'Est parce qu'on y parle anglais. Or la zone géographique naturelle du gris du Gabon, comme son nom l'indique, c'est l'Afrique de l'Ouest, une aire francophone. Par conséquent, les associations spécialisées que je suggère sont systématiquement retoquées par le WPT. À cela s'ajoutent des problèmes financiers puisque ce qui devait être une prise en charge provisoire dure et que, à chaque demande de participation financière que je formule, le WPT répond que ces oiseaux ne leur appartiennent pas et que nous nous sommes engagés à les soigner jusqu'à leur retour à la nature, point. Je commence à mieux comprendre l'attitude des deux zoos si les animaux leur ont été confiés dans les mêmes conditions.

En attendant de trouver un terrain d'entente, nous continuons de nous occuper de nos pensionnaires. Nous leur apprenons à se nourrir avec des fruits entiers et non coupés. Nous veillons à conserver les distances nécessaires pour préserver leur comportement sauvage. Nous avons hâte de les savoir à nouveau dans la nature, mais les relâcher est une opération importante. Que l'on prenne le temps qu'il faut pour faire les choses bien n'est pas choquant, au contraire. Il faut trouver :

- des interlocuteurs fiables ;
- des infrastructures adaptées ;
- des contacts favorables tant à la CITES que dans les gouvernements locaux, etc.

Après des mois de tergiversations, le WPT nous annonce avoir récupéré un ancien élevage en Angleterre où les oiseaux seront placés en attendant leur retour à la nature. Un nouveau désaccord nous oppose quant à l'organisation du transfert. Le WPT souhaite transporter les oiseaux dans des boîtes à chat, ce qui remettrait en cause plus de deux années de travail. En effet, lors d'un transport, les perroquets ne doivent pas pouvoir se retourner dans leur boîte de transport ou s'accrocher à un quelconque grillage afin de préserver l'intégrité de leur plumage. Je suis sidéré par l'incompétence de nos interlocuteurs qui n'en démordent pas et déterminé à faire en sorte que notre travail ne soit pas rayé d'un trait de plume (c'est le cas de le dire) par ceux-là mêmes qui nous ont sollicités.

Pendant ce laps d'incertitude, je me lance dans une aventure que nous évoquerons presque bientôt : Rewild, un ancien zoo acquis par une coalition d'alliés visant à le fermer au public pour le transformer en centre d'accueil pour animaux saisis. Je transfère donc les oiseaux dans la nouvelle structure, en Bretagne.

13.
L'espoir d'un autre zoo

Un jour de 2008, mon meilleur ami, qui travaille au zoo de Pont-Scorff, dans le Morbihan, me propose de me mettre en contact avec le propriétaire d'Amazonia, un petit jardin animalier situé sur l'île de Ré. La propriété de 4000 m² se compose d'un musée du coquillage, d'animaux empaillés, d'une maison d'habitation et de 90 perroquets, des aras et des cacatoès, installés dans de petites alcôves façon fausses grottes en fausses pierres, agencées autour de fausses îles. Le nouveau propriétaire vient de racheter ce lieu un peu étrange à son fondateur. Il n'est pas n'importe qui : à l'école de Carquefou, l'homme forme les soigneurs animaliers. Son problème, c'est qu'il n'est pas détenteur d'un certificat de capacité, si bien que la préfecture envisage de fermer son établissement.

Spécialiste des causes désespérées, j'accepte de prendre la tête d'Amazonia. L'aventure sera très éphémère : j'avais sous-estimé le penchant du propriétaire pour la bouteille et ses conséquences délétères sur la gestion de l'établissement. Cependant, j'ai le temps d'engager deux soigneurs animaliers pour remettre en état aussi bien les oiseaux que les installations. La tâche est d'autant plus urgente que l'hiver est là. En analysant les comptes, je constate le potentiel considérable qu'aurait eu cette petite entreprise, placée à un endroit stratégique, si elle avait été correctement gérée. Plus qu'un regret, c'est une révélation : l'argent des visites pourrait financer une mission de conservation !

Avec les soigneurs recrutés, nous imaginons un lieu en deux parties. D'un côté, un espace pour les espèces en voie d'extinction, afin de permettre leur retour à la nature ; de l'autre, un domaine ouvert au public présentant des animaux en semi-liberté, où les visiteurs seraient invités à chercher les animaux du regard plutôt qu'à les observer dans des enclos minuscules. L'idée nous transporte. Nous avons l'impression d'avoir découvert la martingale qui va nous permettre de passer un cap dans notre rêve commun : contribuer à préserver la biodiversité dans le respect des spécificités propres à la faune sauvage. Nous trouvons même un nom à ce site. Il s'appellera le Biome.

Restent néanmoins quelques minuscules détails à régler : il faut trouver un site et des fonds, d'autant qu'Amazonia est en train de couler. La faillite étant inévitable, je suis conduit à mettre l'entreprise en liquidation judiciaire et à rentrer en Bretagne. Le temps est venu pour moi de me consacrer à fond au projet Biome.

*

Ma recherche d'un lieu pour le Biome se tourne d'emblée vers les Landes où les contextes politique et foncier semblent plus favorables. Je déplace chez des adoptants de confiance la dizaine d'animaux dont je m'occupais à la demande des autorités ; et j'arrive dans le département que je connais bien, dorénavant, avec mon objectif bien en tête… mais pas de travail. Par chance, un ami vétérinaire veut transformer un cabinet en clinique. Fort de l'expérience acquise avec Alca Torda, l'UMSOM et mon centre d'accueil, je lui propose mon aide, et me voilà engagé. Durant deux ans, je construis sa clinique, je négocie avec les laboratoires qui veulent venir travailler chez mon mandant, je mets moi-même la main à la pâte sur le chantier... et, en parallèle, je me retrouve à donner des coups de main au centre Alca Torda. J'y ai été rappelé, car la structure ne dispose plus de capacitaire. Le chantage affectif par le président de la fédération des chasseurs (« c'est ton bébé, Alca Torda, tu ne peux pas le laisser tomber comme ça... ») marche si bien que je redeviens capacitaire bénévole dans ce centre, indemnisé à coups de frais kilométriques. Très vite, j'ajoute une corde à la lyre du centre en y assurant des formations pour les soins à la faune sauvage. C'est le seul lieu à offrir cette prestation dans l'Hexagone. Fort de ce que les choses se passent bien, je relance mon idée de centre d'accueil de perroquets saisis en expliquant aux chasseurs que :

- puisqu'ils sont chargés de la protection de la nature ;
- puisqu'ils possèdent deux hectares inutilisés ;
- et puisque nous pouvons solliciter des subventions européennes ;

toutes les planètes sont alignées pour tenter l'aventure. La sauce prend, en effet. Côté matériel, avec un budget de 300 000 € attribué dans le cadre d'un projet transfrontalier avec l'Espagne, nous construisons des volières et des box très particuliers, car les perroquets exigent des installations adaptées à leur mode de vie. Côté administratif, les accointances entre, d'une part, l'office national de la chasse et de la faune sauvage (ONCFS) et, d'autre part, la fédération landaise des chasseurs portent leurs fruits. Notre dossier arrive au bon moment dans les mains des bonnes personnes et, ô miracle, évite pour une fois de s'enliser sous d'autres dossiers et d'épaisses couches de poussière. Une inspection est diligentée. Elle valide le principe de la structure sur laquelle je travaille. Le centre Alca Torda, spécialisé dans le soin à la faune sauvage, se dote officiellement d'une nouvelle branche pour prendre en charge les animaux saisis. En moins de deux ans, le centre prouve son caractère indispensable.

Très vite, il est rempli avec, à la suite de saisies records, des pointes à près de cinq cents individus accueillis, témoignant de l'ampleur du problème : je ne m'étais pas trompé ! Mais ce succès a un revers : il ne pouvait laisser longtemps indifférents les amis des trafiquants…

*

Il faut reconnaître une qualité à Jacques W. : il ne lâche jamais l'affaire, et c'est un Breton têtu qui le reconnaît ! Chaque fois que la cause de la faune sauvage avance, il apparaît et s'échine à transformer le progrès en recul, notamment quand il s'agit d'animaux saisis. Un pas en avant, deux pas en arrière, davantage si possible.

L'annexe d'Alca Torda n'échappe pas à sa vigilance. Non pas que nous ayons atteint une taille spectaculaire, capable de faire trembler tous les trafiquants en signalant que les animaux saisis pourront leur être effectivement enlevés ; mais, à notre échelle, nous avons démontré l'utilité et surtout l'efficacité d'une telle structure. En attendant que nous fassions des émules, grâce au centre Alca Torda, les agents ont un site d'accueil pour les oiseaux saisis, leur permettant de mener à bien leurs procédures donc de faire leur travail. Aussi, notre succès inquiète-t-il. Le risque que nous devenions un exemple qui fasse tache d'huile ou boule de neige n'est pas négligeable. Il faut mettre le holà.

Par conséquent, lorsque nous présentons notre centre aux autorités nationales, Gérard B., subordonné de Jacques W., envoie un courriel à l'ensemble des agents de la DDPP[29]. Il met en garde ceux qui ont reçu notre plaquette. Selon lui, notre initiative n'a pas été validée en haut lieu (ce qui est faux), n'a pas été agréée par le ministère (l'autorisation d'ouverture par les services de l'État vaut agrément), et n'a pas suivi la ligne directrice dudit ministère selon

29. https://www.sauvage.bzh/sommaire/?file=Chapitre13/MailBassot.pdf

laquelle les animaux saisis doivent être adressés à des établissements à vocation non commerciale, en l'espèce : élevages et établissements de présentation au public. Oui, c'est écrit en toutes lettres : « élevages et établissements de présentation au public » sont des structures non commerciales. Ben voyons !

Aussi infondé et grotesque qu'il soit, le coup de semonce est violent. Le président de la fédération landaise des chasseurs est obligé de remonter jusqu'au sommet du ministère pour rattraper le coup. Nous échappons au boycott tandis que, stimulé par l'adversité, je réfléchis plus que jamais à concrétiser le projet du Biome. Je constate avec joie que cette idée fédère et séduit. Oui, l'engagement en faveur de la protection de la faune sauvage est assez rude pour se permettre, quand l'occasion se présente, d'esquisser un sourire satisfait et, à ce moment-là, mon sourire se justifie pleinement. Le partenariat avec les chasseurs est solide. Les politiques sont intéressés, car, dans cette zone des Landes, il est difficile de capter le touriste. Un projet animalier peut séduire. Depuis les premières esquisses, le concept s'est précisé : le Biome veut être un établissement multi-espèces (oiseaux, singes, félins...) d'élevage conservatoire, c'est-à-dire visant la reproduction en captivité avant le retour à la nature.

Pour contribuer à financer nos besoins, ce qui participera de notre indépendance, nous envisageons, inspirés par ce que nous avons vu et vécu à Amazonia, qu'une partie de l'établissement se présente comme un zoo. Nous l'envisageons à contrecœur, certes, mais, à l'époque, dans ma bouche, « zoo » n'est pas un gros mot. Certes, ce *business* lucratif transforme des animaux sauvages en machines à cash. Cependant, en théorie, un zoo peut aussi être un lieu :

- de sensibilisation pédagogique à la biodiversité ;
- de conservation d'espèces en danger ;
- de préservation du patrimoine génétique ;
- et de recherche scientifique.

En théorie. À cette époque, je le crois, car, sur le principe, on ne peut pas exclure qu'un établissement présentant des animaux au public soit encadré par une éthique louable et une conscience des besoins propres à la faune sauvage. Pour autant, il est hors de question de proposer un zoo classique. La partie zoologique du Biome sera résolument atypique. Elle s'étendra sur des espaces immenses où les animaux seront dispersés. Pour les voir, ainsi que nous l'envisagions dès le début, il faudra se poser avec une paire de jumelles ou tendre l'oreille, de jour ou de nuit, à l'invitation d'animateurs spécialement formés. Nous envisageons d'ajouter à ces activités les bienfaits de la réalité virtuelle à travers des oculus pour limiter la frustration des visiteurs qui regretteraient de ne pas voir assez d'animaux. L'idée est que ces investissements conséquents nous permettent de générer les fonds nécessaires à même de financer notre cœur de projet.

Aujourd'hui, j'ai changé d'optique. Si je devais remonter un projet de ce type, et pourquoi pas, je n'envisagerais pas une seconde d'ouvrir au public ne serait-ce qu'une parcelle de l'établissement. J'ai trop vu combien l'exploitation commerciale des animaux sauvages était néfaste pour les espèces détenues. À l'époque, j'avais encore des œillères. J'imaginais que, si de nombreux zoos maltraitent la faune sauvage, c'est faute de compétence ou par souci excessif de rentabilité. Je croyais encore que l'on peut détenir des animaux sauvages dans de bonnes conditions. Depuis, je suis revenu sur mon illusion. On aura beau faire ce que l'on veut, des animaux sauvages sous contrainte n'auront jamais la vie qui devrait être la leur. Seule exception qui peut rendre tolérable, faute de mieux, la détention : que les animaux captifs se reproduisent pour sauver les générations suivantes. Cependant, avec le recul, je me réjouis presque que le Biome n'ait pas participé à l'exploitation économique de la détention animale… puisqu'il n'est resté qu'une idée !

*

En quelques semaines, tout s'est écroulé, mais ça ne s'est pas joué à beaucoup. Autour de 2017, j'ai dû me rendre à l'évidence : l'entente cordiale que j'avais nouée avait fait long feu. La volonté des chasseurs de prendre le contrôle d'Alca Torda, leur pression pour réorienter l'activité en prétextant la concurrence des centres de soins voisins et la virulente hostilité à mon égard du président de la fédération depuis qu'il a découvert que, ô scandale ! je ne vivais pas avec une fille, mais avec un garçon, ont conduit à l'inéluctable. Le jour où nous devons signer l'acquisition des terrains pour monter le Biome à la place de l'ancien centre d'élevage de faisans, le président se dédit et, sans avancer la moindre raison, refuse de concrétiser sa promesse de bail emphytéotique pourtant signée devant notaire. Pendant sept ans, pas à pas, nous avions échafaudé un projet de manière collégiale et concertée, passé des centaines d'heures en réunion, mobilisé notre énergie et nos compétences jusqu'à perdre souffle. Nous avions également réussi à obtenir 850 000 € de partenariats privés qui s'ajoutaient aux prêts bancaires et à la garantie de la banque publique d'investissement (BPI). Cette masse gigantesque de travail, d'investissements humains, d'espoirs s'est évanouie dans un claquement de doigts. En se dédisant, le président des chasseurs a conduit nos partenaires à se retirer, par un effet domino : tout le monde y va si tout le monde y va ; si quelqu'un se retire, personne n'y va, car le projet ne tient plus. Or s'il n'y a plus d'endroit où édifier le Biome, c'est la fin du projet.

L'homme qui a foutu le dossier à la baille n'a jamais accepté de s'expliquer, mais je pense avoir reconstitué une partie de son raisonnement. Quand le président de la fédération des chasseurs des Landes s'est aperçu qu'il ne pourrait jamais prendre la main sur Alca Torda, l'ambiance s'est dégradée et, rapidement, a viré à l'explosif. Le contexte a accéléré le processus. À cette période, une épidémie de grippe aviaire sévit dans la région. Pour moi, c'est un sujet de préoccupation majeure. Dans le centre, j'accueille quelques oiseaux indigènes, mais j'accueille aussi environ trois cent cinquante perroquets issus de procédures pénales – ils ont donc le statut de pièces à conviction. La règlementation est sans ambiguïté : si je fais entrer un oiseau de la faune européenne porteur de la grippe aviaire et que l'individu contamine des oiseaux exotiques, je suis obligé d'euthanasier la totalité du cheptel, dont des oiseaux extrêmement rares. Par conséquent, je ferme le centre aux animaux indigènes. C'est mon devoir et mon pouvoir de capacitaire, mais le président est furieux.

Quand je m'aperçois que, profitant d'une de mes rares absences, il essaye de contourner mon refus, je comprends que mon travail devient impossible et que ma mission, qui consiste à agir pour la protection de la faune sauvage, est en péril. Sur-le-champ, je démissionne du centre Alca Torda, qui se retrouve sans capacitaire et n'a plus le droit de fonctionner. L'expérience landaise se finit donc très mal... sans être vraiment finie puisque j'ai diligenté des procédures judiciaires à l'encontre de mon ancien partenaire – procédures encore en cours au moment où j'écris ces lignes. Avec cette expérience avortée, j'ai la confirmation que, souvent, ce qui tue les projets, c'est la recherche d'un intérêt personnel. Les chasseurs avaient un intérêt à développer Alca Torda : ils confirmaient leur rôle de défenseur de la nature ; et, surtout, ils pensaient pouvoir contrôler cette affaire à leur guise. Raté. Dans ce genre de navire, l'armateur est bien la fédération des chasseurs, mais le capitaine est le seul maître à bord ; et il se trouve que le capitaine, c'est le capacitaire. Moi. Quand le président l'a realisé, il est devenu assez furax pour tout saccager. Être en colère, faire du chantage, c'est son droit ; quant à savoir si tout saccager l'était aussi, la justice devrait bientôt trancher. En attendant, avec ou sans Biome (sans, donc), je n'envisage pas une seconde de jeter l'éponge et reste, selon l'expression de l'arbitre au début d'un combat de MMA, *ready to fight* !

14.
Le ver est dans le fruit

Lutter contre le trafic de la faune sauvage comporte parfois des risques que je n'avais jusqu'alors pas envisagés. À ce stade de mon histoire, les différents établissements que j'ai mis sur pied, les expertises pour lesquelles je suis souvent réquisitionné et les formations que je dispense à la police de l'environnement me confèrent *a minima* un statut de personne crédible, presque référente en la matière. Mais, comme rien n'est jamais acquis et que les intérêts des uns et des autres peuvent changer au gré des envies ou des besoins, je suis en 2017 passé d'expert en la matière à paria à qui plus personne n'a le droit de faire appel, sur ordre de la police de l'environnement. Comment est-ce possible, me direz-vous ? Eh bien, c'est très simple.

Le 2 février 2017, je suis convoqué à la gendarmerie du village où je réside pour y être auditionné par la DDCSPP des Landes au sujet de la vente d'oiseaux effectuée par Régis H., le directeur de la fédération des chasseurs. Il m'est présenté trois documents, datés de deux ans auparavant, pour lesquels je dois justifier la présence de ma signature.

La complexité de l'exercice est importante pour moi, car il m'est demandé de faire appel à ma mémoire dont je n'ai pas encore, à 55 ans, compris totalement le fonctionnement. Je fais partie de ceux qui n'oublient jamais une odeur, jamais une image, un morceau de musique ou une photo, qui peuvent emmagasiner une quantité incroyable d'informations à condition qu'elles reposent sur le vécu et non sur la théorie, mais je suis souvent incapable sans une concentration particulière de me souvenir de ce que j'ai mangé ou regardé à la télévision la veille, d'un visage croisé une heure plus tôt ou d'un prénom donné trois minutes auparavant.

Dans ces conditions, comment répondre spontanément à une question sur un document que j'aurais signé… deux ans plus tôt ? Impossible de faire appel à ma mémoire, donc je me concentre sur le contenu des documents pour essayer de me souvenir dans quel contexte j'aurais pu les établir et les signer. L'exercice est d'autant plus compliqué que j'ai passé six années à la tête du centre Alca Torda, dont cinq ans en tant que gérant des animaux saisis. J'y ai donc signé des centaines de documents administratifs en rapport avec les saisies, les placements, les marquages ou les adoptions d'oiseaux.

Les trois documents en question sont des attestations de marquage, c'est-à-dire des formulaires remplis par la personne qui effectue soit la pose d'une bague, soit la pose d'une puce sur un oiseau en vue de l'identifier.

Ce document doit se remplir de façon très normée et, dans le cas de la pose d'une puce, être cosigné par le vétérinaire qui réalise l'acte. Sur les trois documents, deux concernent la pose de puces et un la pose d'une bague. Une lecture attentive me permet de constater que jamais je n'aurais rempli de la sorte de tels documents. De ce fait, la suspicion naît dans mon esprit, qui devient intrigué par la structure même du document. C'est un CERFA, un formulaire créé par l'État, avec un numéro de référence, et je trouve que, pour le coup, les différents tableaux et colonnes qui le constituent ne sont pas alignés, faisant penser à un montage.

C'est en prêtant attention aux signatures, la mienne et celle de la vétérinaire, que le doute disparaît, ces documents sont des faux. En effet, nos signatures sont positionnées exactement de la même façon et c'est en superposant les trois documents et en les mettant à la lumière que je m'aperçois par transparence qu'il s'agit de photocopies.

Le problème, c'est que les oiseaux concernés sont issus d'un couple prêté au directeur de la fédération des chasseurs des Landes, qui est également en charge de la gestion administrative du centre Alca Torda. Tout porte à croire qu'il s'est rendu coupable *a minima* d'un délit de commercialisation illégale d'espèces protégées. Donc la musique change du tout au tout. À la fin de mon audition, je passe dans une autre salle afin de porter plainte contre ledit directeur. J'ai conscience que cette plainte va faire l'effet d'une bombe, et c'est tant mieux. Le patron du seul établissement français agréé pour la gestion d'animaux saisis :

- puise dans les « stocks » d'oiseaux saisis ;
- profite de son statut pour vendre des oiseaux saisis protégés ;
- et trahit un ancien responsable en réalisant un faux.

Ça fait désordre et j'ai bien l'intention de le faire savoir.

Il me faudra attendre six mois pour être entendu une première fois par la brigade de recherche de la gendarmerie de Mont-de-Marsan, par un enquêteur qui connaît la mise en cause. Je sors satisfait de cette audition, pensant que l'affaire entre dans sa phase active. Je passerai six autres mois sans nouvelles de la procédure, jusqu'à ce matin de novembre 2017 où je suis convoqué pour un dernier interrogatoire en vue de clôturer la procédure, me dit, la veille par téléphone, le gendarme en charge de mon dossier. C'est donc en toute quiétude que je me rends à la gendarmerie de Mont-de-Marsan. À peine arrivé, je suis informé qu'à compter de cette minute (8 h 30 du matin), je suis placé en garde à vue pour abus de confiance, trafic d'animaux sauvages, exercice illégal de la médecine vétérinaire, complicité de faux en écriture et je ne sais quoi d'autre encore, dont collusion avec l'administration, mais ça ce sont les reproches officieux.

Je ne mettrai pas longtemps à réaliser non seulement la gravité des faits qui me sont reprochés, mais également l'injustice que représentent de telles accusations au regard des trois décennies passées à me consacrer, souvent bénévolement, à lutter contre le trafic et pour la protection des animaux. Je comprendrai également très vite que les dés sont pipés et que la puissante fédération des chasseurs des Landes a réussi à obtenir de la police de l'environnement une véritable opération de sauvetage. Les enjeux pour les chasseurs sont effectivement énormes et la plainte déposée à l'encontre du directeur de la fédération risque de faire vaciller les fondations de l'institution tout entière.

*

Pour comprendre, il suffit de s'appuyer sur des faits qui s'assemblent soudain façon puzzle autour d'un acteur central : la police de l'environnement, autrement appelée ONCFS pour Office national de la chasse et de la faune sauvage. Son conseil d'administration est alors composé de vingt-deux membres[30] :

- quatre représentants des ministères, incluant l'Agriculture, l'Environnement, le Budget et l'Office national des forêts (ONF) ;
- un représentant d'organismes de propriétaires ruraux ;
- deux représentants d'associations de protection de la nature ;
- deux représentants du personnel de l'ONCFS ;

30. https://www.sauvage.bzh/sommaire/?file=Chapitre14/CAOncfs.pdf

- deux représentants d'organisations agricoles pro-chasse ;
- ... et onze représentants du monde de la chasse.

Autrement dit, l'établissement et son budget de 70 millions d'euros (il est passé à 74,7 millions en 2024) sont contrôlés à plus de 60 % par des chasseurs avec, en tête de gondole, Henry Sabarot, président de la puissante fédération des chasseurs de Gironde, également conseiller régional[31], fervent défenseur de la chasse à l'ortolan et qui brigue la place de président du Parc naturel régional du Médoc, car on n'est pas à une incohérence près. C'est un intime du président de la fédération de chasse des Landes, ceci expliquant cela. Rajoutez à cela que :

- le directeur de la police de l'ONCFS est à ce moment-là l'ancien directeur de cabinet de la préfecture des Landes, à une période où illégalement cette même préfecture accordait un sauf-conduit aux chasseurs d'ortolans, malgré la protection de cet oiseau et l'interdiction de le chasser[32]. Dérogation qui mènera le préfet des Landes devant le tribunal[33] ;
- le directeur général de l'ONCFS récemment parti en retraite était un proche des chasseurs notamment landais et girondins. Leur « amitié » est visible jusque dans la presse qui les présente ensemble en partie de chasse, preuve de leur proximité[34] ;
- que le dernier président du conseil d'administration de l'ONCFS a pour nom de famille Vuitton[35]... Si, si, le plus gros tanneur de peaux exotiques d'Europe.

---

31. https://www.sauvage.bzh/sommaire/?file=Chapitre14/SabroCR.png
32. https://www.sudouest.fr/landes/audon/chasse-a-l-ortolan-dans-les-landes-la-preuve-qu-il-y-a-bien-eu-une-tolerance-2983927.php
33. https://www.sudouest.fr/landes/dax/landes-un-ancien-prefet-a-la-barre-pour-parler-ortolan-3215718.php
34. https://www.sudouest.fr/environnement/chasse/gironde-les-chasseurs-n-ont-pas-vire-nicolas-hulot-2974238.php
35. https://www.lanouvellerepublique.fr/loir-et-cher/commune/vernou-en-sologne/hubert-louis-vuitton-president-de-l-oncfs

N'y aurait-il pas là comme un vent mal odorant ?

C'est donc dans un scénario digne d'une mauvaise série B que, sans aucun scrupule, la police de l'environnement est envoyée pour sauver le directeur de la puissante Fédération de Chasse des Landes. En un rien de temps, l'agent de la DDCSPP est auditionné durant plus de trois heures puis démis du dossier, et une procédure bâillon est montée contre moi.

Le jour de mon interrogatoire, j'ai face à moi Tic et Tac dans le rôle du duo de choc. La thèse qu'ils vont développer pendant douze heures tourne autour d'une hypothétique collusion de ma part avec les services vétérinaires en vue de piéger le directeur des chasseurs landais. La plainte que j'ai déposée n'est quasiment pas évoquée. En revanche, il est beaucoup question de mes six années de gestion d'Alca Torda. Bah oui ! En grattant un peu, on pourrait découvrir une erreur dans mon travail. Oh, même une erreur infime ferait l'affaire et permettrait de me décrédibiliser. Grattez, mes amis, grattez, je suis très serein ! D'ailleurs, au fil de l'audition, Tic ou Tac finit par me lâcher que le directeur a reconnu avoir vendu des oiseaux interdits de commercialisation et réalisé des faux. Contrairement aux apparences, c'est une mauvaise nouvelle : il devient indispensable de m'enfoncer pour que le chasseur ne coule pas seul. Je découvrirai ultérieurement que, dans le traitement des antécédents judiciaires (TAJ), il est précisé que la procédure a été engagée sur un renseignement judiciaire de la brigade CITES-Capture de l'ONCFS, ceux-là mêmes que j'ai formés et assistés pendant des années.

La procédure restera sept ans sur le bureau du procureur, au point que j'ai saisi le juge d'instruction pour déterrer le dossier de la fosse où il est en train de dormir. Car soyons clairs, le but de cette procédure bâillon, comme son nom l'indique, était de me faire taire. Hé ben, ratoche.

En revanche, elle aura eu pour conséquence, en plus de la fatwa administrative décrétée par Jacques W. il y a 30 ans, une interdiction donnée à l'ensemble des agents de France non seulement de travailler avec moi, mais également d'orienter d'autres services d'enquête (gendarmerie, douane) vers moi[36], et ce, sous prétexte qu'une enquête serait toujours en cours.

Personne n'a intérêt à ce qu'elle aille à son terme et tout le monde semble enclin à laisser dormir ce dossier jusqu'à ce qu'il s'enterre dans les méandres de l'administration judiciaire. Il y a fort à parier, qu'au moment de leur passage devant la justice, les différents interlocuteurs auront été déplacés, les mettant à l'abri de toutes conséquences judiciaires ou professionnelles, enfin pensent-ils.

36. https://www.sauvage.bzh/sommaire/?file=Chapitre14/Image-1.jpg

15.
Le Wildnapping d'un ours

Parfois, le signe d'une possible connivence entre l'administration et le trafic clignote au travers d'un simple article de journal. Ainsi, en mai 2018, *Le Figaro*[37] annonce qu'un ourson sauvage a été récupéré par la police de l'environnement dans les Pyrénées et envoyé de façon totalement illégale chez un certain Sébastien M. qui est à la fois éleveur de fauves et dresseur d'ours... et qui n'a aucune autorisation de recueillir des animaux de la faune métropolitaine. Le risque, en laissant un ourson à un éleveur et dresseur d'ours, c'est qu'il en fasse, involontairement ou pas, un animal perdu pour la nature. Derrière ce scandale, qui consiste à confier un animal à quelqu'un qui n'a ni le droit, ni l'expertise, ni la compétence pour l'accueillir se trouve la DREAL Occitanie. Je comprends que les informations, qui m'étaient de longue date remontées à son sujet, n'étaient pas de simples rumeurs, puisque la police de l'environnement publiera un communiqué pour se justifier en précisant que « l'ours a été déposé dans l'établissement en question sur conseil de cette administration »[38].

37. https://www.lefigaro.fr/actualite-france/ourson-sauve-dans-le-tarn-les-inquietants-rates-des-services-de-l-etat-20190709
38. https://www.sauvage.bzh/sommaire/?file=Chapitre15/null.pdf

L'agent en question, David D., « chef du bureau local Convention de Washington » à la DREAL Occitanie, semble s'être fait comme spécialité de favoriser le trafic et les trafiquants. Et pas sur de petites quantités ! Non, l'énormité des faits est sidérante. Il avait défrayé la chronique dans le milieu des agents de l'OFB, quelques années auparavant, par le soutien qu'il apportait à des trafiquants, contrevenant totalement à ses missions de fonctionnaire du ministère de l'Écologie. En 2016, un très gros importateur de reptiles établi à Toulouse, les établissements Savanna, a été mis en cause par un stagiaire devenu lanceur d'alerte· Écœuré par l'incompétence de ses encadrants et par l'épouvantable taux de mortalité qu'il avait constaté, il publia une vidéo sur ses réseaux sociaux qui mena tout droit l'établissement devant la justice[39]. Lors de l'audience, un témoin de poids vint en personne au secours du mis en cause, taclant au passage la procédure menée par un agent local de la police de l'environnement. Le témoin en question était David D.[40]

Sans doute un cas d'école en France qui a, sans pour autant que personne ne bouge en interne, déclenché une crise d'urticaire chez les agents de contrôle. Le fameux agent de la DREAL en a profité pour tenter de justifier devant la cour la délivrance indue et visiblement complaisante de CIC.

Le responsable de Savanna sera condamné malgré tout à une forte amende et une interdiction d'exercer un métier en lien avec les animaux pour une durée de 10 ans, ce qui n'est pas une sanction anodine pour la France.

Curieux par nature, et habitué des fonctionnaires hors des clous, j'ai de longue date eu une oreille attentive à la moindre information qui me remontait d'Occitanie. Et pour être franc, j'ai pas mal gratté le sujet. La réputation de ce fonctionnaire a dépassé largement les

39. https://www.zinfos974.com/Un-employe-revele-des-pratiques-de-mal-traitance-dans-une-animalerie_a64678.html
40. https://www.sauvage.bzh/sommaire/?file=Chapitre15/processavanha.pdf

frontières de l'Occitanie, au point d'intéresser un importateur de reptiles de la région parisienne.

La Ferme Tropicale, l'importateur en question, est à ce jour le plus gros du genre pour les reptiles en France et peut-être même en Europe, avec un chiffre d'affaires de plus de 2 500 000 euros (2016)[41]. Il est établi à Paris et à Lille où il a deux boutiques, et à Combs-la-Ville où il a un élevage. Son gérant, Karim D., siège dans plusieurs commissions comme la commission pour la faune sauvage captive au « collège des personnalités qualifiées »[42]. Il est de toutes les émissions sur les reptiles, de tous les shows lui assurant au passage une notoriété qui lui sert sans doute de protection.

Accessoirement, il forme les agents de la police de l'environnement en matière de contention de reptiles, ce qui semble lui valoir une certaine complaisance administrative en cas de contrôle.

L'ensemble des permis CITES nécessaires à la commercialisation des animaux doivent lui être délivrés par la DREAL de la région parisienne, appelée la DRIEA, puisque c'est dans cette région que les reptiles arrivent sur le territoire français. Et pourtant, c'est à Toulouse qu'il fait éditer ses CIC auprès de la DREAL Occitanie. Il lui a suffi d'y établir le siège administratif pour s'assurer que l'instruction des permis soit réalisée dans cette région « favorable ».

Les demandes sont tellement nombreuses, au regard du volume des importations, que le traitement des CIC serait réalisé par un bureau d'études indépendant de Toulouse. Jusque-là rien d'interdit, quoique. Ce qui en revanche devient gênant, c'est que le Bureau en question est dirigé par la compagne du chef de service de David D. et responsable de la division biodiversité de la DREAL Occitanie.

*

41. https://www.sauvage.bzh/sommaire/?file=Chapitre15/bilanfermetropical.pdf
42. https://www.legifrance.gouv.fr/jorf/id/JORFTEXT000037833661

Le récit qui précède dénonce, certes, des individus aux pratiques illégales. Néanmoins, plus encore, il vise à souligner l'entrelacs de compromissions indispensables au trafic.

Le plus souvent, il n'y a pas, d'un côté, le bon grain, de l'autre l'ivraie. Autour des animaux sauvages, beaucoup d'acteurs sont persuadés que pactiser, manigancer, ourdir et ruser sont autant de manières obligatoires pour survivre, s'imposer et prospérer. Chacun (ou presque) rêve de tenir l'autre, de créer son réseau et d'échanger des « services », car on filoute mieux quand on filoute en compagnie. En ce sens, le trafic d'animaux sauvages se nourrit d'une interdépendance assez effarante entre escrocs, qui relève de la bande organisée.

Cette impunité dit quelque chose de grave, d'inquiétant quant à l'institutionnalisation structurelle du trafic. Là encore, j'aurais pu me laisser submerger par l'impression de me noyer en essayant d'être honnête, engagé et ferme alors que je patauge, avec quelques autres, dans un océan de gredins. Le constat que j'ai tiré de ces diverses affaires m'a fait l'effet inverse : hors de question de laisser la faune sauvage en France à de tels malfrats.

16.
La capture des amazones vineuses

La lutte contre le trafic de la faune sauvage n'est pas univoque. Parfois, les trafiquants gagnent. Parfois, les tenants de la légalité l'emportent. Souvent, les victoires des uns et des autres restent relatives. En témoignent les deux plus gros contrôles de parcs zoologiques auxquels j'ai participé en 2017.

Précisons que, d'une façon générale, les zoos ne sont qu'épisodiquement contrôlés par l'administration. Ils sont simplement « visités », à de rares occasions. La nuance est importante. Pour une visite, les industriels de la captivité sont, la plupart du temps, prévenus à l'avance. Ils accueillent les agents, leur montrent de loin des volières et des animaux, leur paient le café et les raccompagnent au parking. Les fonctionnaires, convaincus, font le constat implacable que l'on attend d'eux : tout va bien. Pour le plus gros établissement français, le préfet peut aller jusqu'à solliciter le zoo qui fixera le *planning* de la visite à sa convenance. Le contrôleur devra s'y plier.

Néanmoins, il arrive que des agents de plusieurs services se réunissent, compilent et comparent les données, soulèvent un lièvre, enquêtent et finissent par accomplir le travail pour lequel ils sont missionnés : ils contrôlent. Dans le cadre de ces coopérations interservices, la DREAL (la direction régionale de l'environnement, de l'alimentation et du logement), l'OFB (l'Office français de la biodiversité) et l'OCLAESP (l'Office central de lutte contre les atteintes à l'environnement et à la santé publique) ont mené une longue enquête sur le zoo du Cerza (pour « Centre d'études et de reproduction zoologique augeron »), près de Lisieux, et beaucoup trop de voyants sont au rouge pour ne pas intervenir.

Sur 80 hectares, le zoo abrite 1 500 animaux issus de 120 espèces. Le Cerza est le troisième zoo de France en termes de rentabilité, avec un chiffre d'affaires en 2024 de 8 400 000 euros pour un bénéfice de près de 2 millions[43]. C'est un certain Thierry Jardin, membre d'une grande famille spécialisée dans le domaine, qui a cofondé le lieu avec son frère Patrick, en 1986. La fratrie détient quatre établissements, deux en Normandie pour Thierry (le Cerza et Biotropica), et deux en région parisienne pour Patrick (Terre des singes et le parc des félins regroupés depuis 2024 en une seule entité commerciale, le Lumigny Safari Réserve).

Les quatre établissements cumulent plus de 18 millions de chiffre d'affaires[44] pour un total de près d'un million de visiteurs par an. Le Cerza à lui seul, pour les années 2021 et 2024, a distribué à ses actionnaires 8,5 millions[45] de dividendes, autant dire des poids lourds du secteur.

Fin 2017, le procureur de la République me réquisitionne pour expertiser l'établissement. Je suis détaché auprès de la gendarmerie en appui de la police de l'environnement. Je vais passer huit jours sur le site. Autant dire que le contrôle s'annonce conséquent et que, bien que j'aie le cuir solide, je ressens une certaine pression. L'opération débute sous la forme d'une perquisition. Pour bien

43. https://www.sauvage.bzh/sommaire/?file=Chapitre16/CERZA-compte2024.pdf
44. https://www.sauvage.bzh/sommaire/?dir=Chapitre16/ComptaCERZA
45. *Ibid.*

appuyer le sérieux de la démarche, les hostilités s'ouvrent en présence du procureur et du vice-procureur.

Je n'avais jamais visité le Cerza, bien que j'en aie souvent entendu parler. Je m'attends à un établissement haut de gamme. Au lieu de ça, je découvre une ferme, certes abritant des girafes, des rhinocéros et des félins, mais une ferme. Au premier coup d'œil, rien ne va :

- les effluents pestilentiels sont versés directement dans la rivière ;
- les enclos sont exigus, sales et mal entretenus ;
- et les installations paraissent d'emblée inadaptées.

Comme souvent, le contrôle s'effectue en deux parties, la première par une étude des documents et la deuxième par une vérification des marquages et des provenances des animaux. Je m'attacherai également à vérifier que l'ensemble des normes sanitaires sont respectées tant elles sont importantes à mes yeux et tant elles font partie des obligations afférentes aux zoos. À la demande de la gendarmerie, je choisis l'ensemble des documents que je veux étudier. Par cette demande, ils me font porter encore plus de responsabilités puisque visiblement ils se reposent entièrement sur mon expertise. Mon choix se dirigera évidemment sur tous les documents ayant trait à la légalité des animaux, à leur provenance et à tout ce qui touche aux autorisations commerciales. Inévitablement, le choix est fait en fonction des espèces cibles et à enjeux patrimoniaux. Cette sélection reste gigantesque. Elle correspond à plusieurs milliers de documents papier, de fichiers informatiques et de courriels, saisis par la gendarmerie afin d'être scannés ou copiés, sous l'œil abasourdi des dirigeants du zoo. Au passage, ils ne manqueront pas de proférer les menaces habituelles, allant de « vous allez avoir des ennuis » à « je fais remonter l'information au syndicat pour qu'il saisisse la présidence de la République ». Et curieusement, ce genre de menace marche très bien et, en moins de temps qu'il faut pour les proférer, la tension monte d'un cran parmi la gendarmerie et par extension pour moi. Je suis toujours étonné par l'attitude menaçante de celui qui se fait contrôler alors que, s'il n'a rien à se reprocher, il n'a aucune raison de laisser place à la menace.

Cet instant de stress passé, le contrôle à proprement parler commence en milieu d'après-midi.

*

Au deuxième jour, le contrôle continue :

- examen des documents ;
- visite des congélateurs ;
- capture de certains animaux (dont je préfère m'occuper, le personnel du zoo ne paraissant guère compétent dans ce domaine) ;
- contrôle des puces à la perche télescopique pour
  - les tigres du Bengale ;
  - les rhinocéros indiens ;
  - les tapirs malais ;
  - les gibbons…

On ne diligente jamais une perquisition sur ce type d'établissement sans éléments tangibles à exposer au procureur de la République. Un de ces éléments concerne des amazones vineuses, dont le contrôle administratif réalisé en amont montre que leur provenance est susceptible d'être douteuse.

Quatre amazones sont présentes au Cerza, deux en volière d'élevage relativement petite et deux dans une immense volière de présentation. Autant la capture des premières ne pose pas de difficulté, autant celle dans la volière de présentation de 1 000 m2 sur six à huit mètres de haut va s'avérer plutôt complexe.

Pour y parvenir, nous demandons que les oiseaux soient nourris uniquement à l'intérieur du bâtiment accolé à la volière, de façon à ce que, quand ils iront manger, ils soient enfermés et capturés. Très rapidement, je comprends que les amazones vineuses qui sont notre cible non seulement ne sont pas rentrées, mais il semble qu'une stratégie se mette en place par la vétérinaire pour faire en sorte qu'elles ne soient pas capturées. À plusieurs reprises, nous donnons comme instruction de laisser les portes du bâtiment ouvertes et la lumière allumée jusqu'à tard le soir, car il est certain que les amazones y seront attirées. Et tous les soirs, le bâtiment est fermé alors qu'elles sont à moins de deux mètres de la cible. Cette attitude renforce notre volonté d'attraper ces oiseaux. Le dernier soir, ordre est donné par les gendarmes de laisser les portes ouvertes tant que nous n'avons pas donné l'ordre de les fermer. Malgré les instructions données par les représentants de la justice, la vétérinaire du zoo passe fermer les trappes de manière à ce que les amazones vineuses que nous avons repérées ne soient pas récupérables.

Le soir, je débriefe de la situation avec les agents de la police de l'Environnement. L'un deux se tourne vers moi et me dit :

— Bah, si tu veux, j'ai une technique pour les attraper !

Je le regarde avec des yeux interrogatifs.

— Quand on veut baguer un oiseau dans la nature, on le chope avec un filet, non ? me lance-t-il. Pourquoi on ne se servirait pas de ces filets pour les attraper dans la volière ?

Je secoue la tête :

— Sur le principe, pourquoi pas, en effet... Mais les filets seront morts à la fin de l'opération. Quand l'oiseau sera dedans, tu ne pourras le sortir qu'en déchirant le filet.

— T'inquiète, on y va, et tant pis pour le filet !

Le lendemain, nous arrivons avec nos filets. Je m'équipe d'une caméra embarquée afin de me prémunir de toute réclamation quant aux contentions. Nous observons le circuit qu'empruntent les oiseaux pour nous échapper. En effet, dans un endroit clos, un perroquet a tendance à refaire le même parcours quand il cherche à fuir. C'est sur ce principe que j'avais attrapé les deux premières amazones, juste en restant sur place à l'endroit de leur passage alors que trois soigneurs s'épuisaient à courir après. Nous posons donc nos filets à l'endroit stratégique dans la volière et dérangeons les oiseaux pour qu'ils s'envolent. La première tentative est un échec. Pour la seconde, nous remontons très légèrement les filets et recommençons l'opération. Un quart d'heure plus tard, les deux oiseaux sont entre nos mains. Grande victoire pour nous, soupe à la grimace pour la vétérinaire. Les oiseaux lui sont présentés pour que les puces soient vérifiées en sa présence. Il lui est demandé de confirmer les numéros. Coincée, elle s'exécute ; et nous ne sommes pas déçus de notre prise.

Et d'une, ces oiseaux sont classés à l'annexe A de la CITES. À ce titre, ils ne peuvent être commercialisés que munis d'une bague. Or ils sont pucés. Et de deux, les oiseaux viennent de Beauval, ce qui va permettre à la justice d'intervenir dans un zoo d'ordinaire inaccessible. Un agent sera mandaté pour procéder à un contrôle. Il conclura que les parents des amazones ont été achetés quatre ans plus tôt dans une animalerie – ce qui est illégal – et ne sont pas bagués, ce qui est également illégal.

*

Très vite après le contrôle, la défense du soldat Cerza s'organise. Est-ce que le parquet a senti la pression venir ? Toujours est-il que le contrôle et les soupçons de trafic seront étalés dans la presse, en provenance de la justice[46].

46. https://france3-regions.franceinfo.fr/normandie/calvados/zoo-cerza-coup-enquete-trafic-animaux-veterinaire-repond-aux-accusations-1852010.html

Pour les locaux, il ne peut pas y avoir de trafic d'animaux sauvages dans ce zoo qui est une institution accueillant tant de visiteurs et faisant travailler tant de personnes. Pris en flagrant délit, le zoo plaide pour un simple décalage entre « le temps de l'administration qui ne correspond pas au temps de l'animal et, dans certains cas, cela pose des problèmes de conformité sur leur identification ».

Bon, ça ne veut rien dire, c'est du discours politique, mais visiblement ça convient. Certains, dont des magistrats non spécialisés, se laissent charmer par ce discours imbittable, décoré de quelques mots comme biodiversité et du chiffre d'affaires. Et tel le suppositoire, ça passe[47].

Et pourtant, ma conviction est faite à la lecture des milliers de documents saisis et de centaines de mails, que je passerai six mois à expertiser pour découvrir des choses hallucinantes. Parmi elles :

- des naissances d'animaux sans parents, renvoyés le jour même au Parc des félins (le zoo du frère) ;
- des animaux qui, à peine entrés au Cerza, sont envoyés à Biotropica, l'autre établissement normand (la raison est simple : le Cerza a une habilitation sanitaire obligatoire pour importer des animaux, pas Biotropica), ce qui fait courir un risque sanitaire important pour les animaux comme pour les visiteurs puisque le transfert à Biotropica est exonéré de tout contrôle sanitaire ;
- des disparitions d'individus dans des proportions hallucinantes ;
- des euthanasies de complaisance ;
- des délivrances illégales d'agrément sanitaire...

47. https://www.leparisien.fr/environnement/enquete-au-parc-cerza-pres-de-lisieux-le-zoo-se-defend-de-tout-trafic-d-animaux-10-07-2020-8350593.php

Dans mon rapport au procureur de la République, la poésie et le gras narratif n'ont pas leur place. Le résultat pèse pourtant de ses deux cents pages serrées comme un expresso de comptoir et déborde de signalements inquiétants :

- absence d'autorisation d'ouverture ;
- non-respect de l'agrément sanitaire ;
- absence de mise en place de mesures de biosécurité ;
- absence de registre d'entrées et de sorties ;
- 15 non-conformités des installations ;
- 12 espèces de mammifères nés sans géniteurs sur site ;
- mortalité allant de 43 à 100 % sur certaines espèces, j'en passe et des meilleures.

À titre d'exemple, la mortalité de 30 cerfs Sika en neuf jours, 41 wallabies en trois jours, avec pour seule annotation dans les documents : « morts », ce qui les désigne à l'évidence comme les victimes d'une euthanasie de masse sans justification, en tout cas c'est ce que je soupçonne. Dans le cas contraire, des autopsies (obligatoires en cas de mort suspecte) auraient été réalisées ou nous aurions eu affaire à une épidémie qu'il aurait fallu absolument déclarer aux autorités sanitaires. Tiens, parlons-en des autorités sanitaires. Elles ont délivré un agrément pour une quarantaine, installation obligatoire pour réaliser des importations, dans laquelle un tigre ne tiendrait même pas. C'est un vulgaire abri de jardin qui faisait office de quarantaine, ce qui n'a pas empêché les autorités sanitaires de délivrer illégalement un agrément. Les animaux ne subissaient donc pas de réelle quarantaine, mais on n'est pas à ça près ! Il y a également le cas de ces autruches « remises » à France Autruches, première entreprise de viande d'autruche avant sa faillite en 1999, et qui permet de se poser la question sur la mission que revendique le Cerza, censé « s'engager pour la protection des animaux sauvages dans leurs milieux naturels ».

*

Ce premier contrôle en appelant d'autres, une seconde mission est mandatée. Le procureur cède aux pressions du Cerza pour que je ne sois pas désigné expert dans ce nouvel épisode. Je le regrette d'autant plus que l'euthanasie d'un banteng, un bœuf d'Asie du Sud-Est, était programmée le jour du contrôle. L'animal est un monstre magnifique de près de huit cents kilos à l'âge adulte. Au moment même où le procureur, la police de l'environnement et la gendarmerie ont investi l'établissement, l'animal est abattu à coups de fusil dans un hangar... parce qu'il était trop compliqué à gérer. Ce genre d'exaction traduit le sentiment d'impunité qui règne dans les zoos.

Pourtant, le banteng est classé en danger par l'IUCN, avec une population de moins de 5000 individus sauvages, mais au Cerza on euthanasie au motif de gestion de collection. Sur le site du zoo, on peut lire au sujet de l'espèce : « Cette année, particulière en 2020, a vu s'agrandir le groupe de bantengs du parc Cerza. Deux petits sont nés au mois de mai, ces vaches asiatiques sont extrêmement menacées à l'état sauvage. Ces naissances ont une importance donc toute particulière pour le parc qui a longtemps contribué à la gestion de la reproduction de cette espèce en parc zoologique »[48]. La preuve est faite que la conservation n'est qu'un prétexte commercial et dont les directeurs de zoo n'ont que foutre du moment que le public est au rendez-vous, et les bénéfices avec.

Pendant plusieurs années, l'affaire se poursuit. Les procureurs changent. Aujourd'hui, les conséquences pour le zoo fautif sont négligeables. En gros, une tape sur les doigts, un bisou et au lit. Le Cerza a même réussi à obtenir le soutien de l'ancien ministre des Armées et président du conseil régional de Normandie, Hervé

48. https://www.sauvage.bzh/sommaire/?file=Chapitre16/Banteng.png

Morin, qui déclara dans la presse, en pleine instruction judiciaire : « Je veux apporter un message de confiance et de solidarité à l'égard de Thierry Jardin, un passionné, qui fait l'objet d'une procédure et d'accusations abominables. J'ai connu toute la croissance et l'extraordinaire réussite de ce projet », salue le président de la Normandie. « Nous avons là un grand pôle touristique qui irrigue tout le territoire et l'arrière-pays. C'est un vrai joyau. »[49]

À l'été 2023, « une convention judiciaire d'intérêt public » a été entérinée par la présidente du tribunal judiciaire de Lisieux.

Sept ans après le début de la procédure et avec un délai de trois ans supplémentaires, « la société CERZA [...] conteste sa culpabilité », « l'ordonnance de validation n'emporte pas déclaration de culpabilité », et « la CJIP n'est pas inscrite au bulletin n° 1 du casier judiciaire ». En revanche, « l'exécution intégrale de ces obligations éteindra l'action publique ». Un coup terriblement vain pour ce qui se décrit pourtant fièrement comme « la première CJIP signée par le parquet de Lisieux en matière environnementale »[50]. Tant pis pour les animaux :

- blanchis (c'est-à-dire dérobés à la nature) ;
- tués pour ressusciter avec la même puce, mais dans un autre corps ;
- regenrés sans souci (ainsi de ce lynx mâle évadé puis rentré lynx femelle six mois après...), etc.

Ce qu'il faut conclure de ce contrôle, parti sous les meilleurs auspices avant que le soufflet ne retombe, c'est que le trafic d'animaux sauvages n'est pas pris au sérieux par nos institutions. Quand tu essaies de sensibiliser un élu au drame environnemental que

49. https://actu.fr/normandie/hermival-les-vaux_14326/pres-de-lisieux-herve-morin-soutient-le-zoo-de-cerza-des-accusations-abominables_35770838.html
50. https://www.justice.gouv.fr/sites/default/files/2023-09/CJIP_CERZA_OV_20230906.pdf

ces exactions entraînent, il te parle chiffres de fréquentation du zoo de sa circonscription, emplois directs et indirects, donc réduit l'ensemble des infractions à de bêtes « problèmes administratifs ». Un agent essaie-t-il de lui montrer que ces bêtes « problèmes administratifs » ne sont pas des problèmes techniques de baguage ou des questions pourtant pas négligeables de bien-être animal, mais de graves mises en cause de textes ayant valeur de loi en France et de conventions internationales ? Ce pauvre fonctionnaire se fera broyer par :

- la machine économique ;
- le pouvoir des zoos ;
- et la lâcheté de nombreux institutionnels.

Souvent, l'argent fait loi.

17.
Le poids de la plume

Fin janvier 2018, une semaine après le contrôle du Cerza, je suis à nouveau réquisitionné par le parquet, accompagné d'une vingtaine de gendarmes et d'agents de l'Office français de la biodiversité. Dans le viseur, cette fois, un établissement dont je ne peux révéler le nom, l'affaire étant encore en cours d'instruction par la justice. Pour les besoins du récit, je l'appellerai le parc de la plume.

La structure a été récemment rachetée à son fondateur par un couple. Les nouveaux propriétaires se vanteront, cinq ans plus tard, d'en avoir fait la deuxième destination touristique du coin, juste « derrière Center Parcs ». Quant au vendeur, qui a senti le vent tourner et le pigeon pointer le bout de son bec, il est cofondateur de l'UFCS, le réseau de centres de soins, ornithologue émérite dont la LPO, dans son organe de presse *L'oiseau magazine*, dresse un portrait élogieux de ce sauveteur d'oiseaux. Mais c'est surtout un homme condamné pour trafic d'animaux sauvages.

C'est donc un établissement totalement hors des clous, comme on dit dans notre jargon, avec la quasi-totalité des oiseaux illégaux qui est le sujet de ce contrôle.

L'illégalité est d'ailleurs assumée par le vendeur puisque lorsque le nouvel acquéreur a racheté le parc et ses oiseaux, l'acte notarié stipulait « le manque de transparence », apprend-on dans la presse locale. Autrement dit, j'achète un espace dont la principale valeur repose sur des animaux dont je sais, d'emblée, qu'ils sont au moins pour partie illégaux. Mais cette bizarrerie ne représente qu'une partie du problème ! Ce que ne savaient certainement pas les nouveaux acquéreurs, c'est que l'établissement qu'ils ont racheté n'est en fait qu'une arme de blanchiment qui restera sans doute un cas d'école en France. Elle associe un centre de soins pour la cause, un élevage pour le prestige et un zoo pour le fric.

Les oiseaux accueillis dans le centre de soins et jugés non relâchables étaient frauduleusement intégrés au centre d'élevage pour terminer dans le zoo, tout ceci en obtenant le CIC délivré par un agent de la DREAL Normandie de façon totalement indue. Quand on sait que le fonctionnaire qui facilitait ces transactions est aujourd'hui un responsable départemental de l'OFB, ça laisse rêveur. Il aura fallu que son successeur, commence à mettre de l'ordre là-dedans et demande un contrôle de l'OFB pour que le pot aux roses soit découvert.

Le fondateur du parc de la plume a même inventé une formule qu'il a laissée dans les archives de l'établissement et qui décrit le processus qui permettait d'obtenir un permis de commercialiser une espèce dont l'origine est sauvage. Pour exemple, quand un oiseau arrive en provenance de son centre de soins, il le transfère dans l'élevage avec un CIC de « source W pour Wild, sauvage ». Ce CIC ne donne aucun droit de commercialiser l'oiseau… pour l'instant. En revanche, quand deux individus de source W se reproduisent, la descendance obtiendra un CIC de source F, c'est-à-dire « né captif », mais ne remplissant pas les critères C (issu d'un élevage « en milieu contrôlé ») ou D (issu d'un élevage pratiquant des reproductions « à des fins commerciales »). F, c'est mieux que W, mais ça bride encore la possibilité d'exploiter l'animal et sa descendance. Il lui faut encore une manipulation, la sublime touche finale !

Le Graal, c'est quand deux individus de source F se reproduisent. Alors, le fruit de cette reproduction obtient une descendance de source C, c'est-à-dire autorisant le commerce. Il va de soi qu'aucun agent de la DREAL digne de ce nom n'aurait jamais validé une telle délivrance de ces CIC parfaitement illégaux. La formule magique que nous découvrons résume à elle seule la stratégie de blanchiment mise en place par le fondateur :

W + W = F
F + F = C

Malheureusement pour les petits malins, la DREAL a senti le coup fourré, faute de pouvoir retracer l'origine des oiseaux donc de pouvoir régulariser les tripatouillages qu'elle a constatés, les oiseaux seront saisis. Et comme chaque fois qu'une saisie intervient, elle engendre des gesticulations politico-administrativo-judiciaires dans le but, soit de faire échouer l'opération, soit *a minima* de décider de la destination des animaux afin qu'ils restent dans le giron des zoos. À la tête de l'armée en charge de la défense des mis en cause, Sébastien M., encore et toujours, désigné capacitaire de l'établissement malgré une présence épisodique, et la Jeanne d'Arc des causes perdues, une vétérinaire bien connue du milieu zoologique, une certaine Florence O.C.

Il faut dire que dans ce dossier, les enjeux sont beaucoup plus importants que nous aurions pu le supposer. De prime abord, il s'agit d'un établissement illégal, de taille très modeste et aux intérêts économiques sans grande importance. Mais l'enjeu se cache dans les conséquences de cette saisie. D'abord, elle va avoir pour résultat de fermer l'établissement, et ça, le syndicat des zoos n'en supporte pas l'idée, mais surtout il va se poser la question de la destination des 70 rapaces, pour la plupart européens, qui vont être saisis. Et pour une première fois en France, l'agent à la barre de la procédure souhaite respecter la réglementation en trouvant une destination autre que commerciale à ces animaux interdits à la vente.

Comment ça, des oiseaux saisis ne vont pas terminer en zoo ? Hé ben non, c'est interdit et l'agent ne va pas saisir le produit d'une infraction pour en commettre une autre. Et alors ça, l'industrie de la captivité ne va pas aimer du tout.

Côté moyens techniques, c'est le centre Athénas qui est réquisitionné pour l'opération. Lorane et Gilles, ces deux capacitaires ont une rare expérience dans le domaine et sont capables en plus d'identifier les espèces présentes, de reconnaître au premier coup d'œil s'ils ont affaire à un mâle ou à une femelle chez des oiseaux sans dimorphisme apparent, mais surtout ils sont en capacité de donner un âge aux animaux, ce qui est précieux dans le cas de blanchiment d'espèce.

Dans ce dossier, toute la filière zoologique savait que les oiseaux allaient être saisis au regard de l'origine totalement foireuse de ces animaux. Et comme chaque fois, la horde de chiens enragés se met à aboyer pour donner de l'ampleur à l'affaire dans le but inavoué d'effrayer la hiérarchie de la police de l'environnement, voire le parquet qui mène l'enquête.

Les attaques sont *ad personam* bien sûr, un classique, avec dans le viseur Gilles et moi, tentent une remise en cause de la technique de capture de contention et de transport. Une discussion mail nous sera transmise par le parquet, à titre d'information, dans lequel nous sommes accusés de chercher à vendre les rapaces saisis. Et cette discussion a lieu entre le directeur de la fédération des chasseurs des Landes, tiens, tiens, Sébastien M., et le président de l'UFCS. Des chasseurs, un capacitaire illégitime et un président qui couvrent des ventes illégales d'oiseaux. On n'est pas bien là ? L'objet est de discréditer coûte que coûte l'opération pour non seulement faire oublier l'illégalité des oiseaux, mais surtout pour essayer d'en récupérer la destination vers un zoo et non un centre de soins.

En envoyant les rapaces dans un centre de soins, il y a risque pour les zoos que les oiseaux soient remis en liberté, ce qui ferait la démonstration que le bruit de fond, pour ne pas dire le mythe d'« un oiseau captif ne peut pas être remis dans la nature » s'écroule définitivement. Et pour empêcher cela, le *lobby* va mettre les bouchées doubles. Au moment de la deuxième intervention, celle de la saisie, je suis toujours frappé d'interdiction de travailler avec la police de l'environnement par sa direction, bien que cette interdiction ne s'appuie sur aucun argument légal, et surtout n'a aucun fondement si ce n'est le délit de sale gueule. Mais comme c'est le centre Athénas qui est réquisitionné par le parquet, que je suis adhérent du centre et en plus capacitaire tout rapace du monde, c'est le centre Athénas qui, à son tour, me réquisitionne, et ça les fâcheux ne l'avaient pas prévu. Ce qu'il y a d'intéressant dans une opération de *lobbying*, c'est que plus la pression monte pour les mis en cause et plus les défenseurs de l'industrie zoologique deviennent imprudents, sans doute du fait du sentiment d'immunité permanente qui les protège d'ordinaire.

C'est comme cela qu'en pleine opération de saisies, l'agent en charge du dossier se voit notifier une demande d'explication par son supérieur au sujet de ma présence sur site. Problème, personne, hormis Florence O.C. n'est au courant, ce qui met en évidence que la véto entretient des rapports privilégiés avec la direction de la police de l'OFB, et le mis en cause. Cette dernière contacte le procureur en charge de l'affaire pour préciser que ma présence en tant que personne condamnée met en danger la procédure. Je n'ai bien évidemment jamais été condamné, mais comme le mensonge est distillé de façon informelle et en catimini, impossible de rétablir la vérité. Je ne suis pas le seul à subir des manoeuvres : une lettre de l'avocat de l'AFdPZ largement diffusée dénoncera le soi-disant manque d'intégrité et de probité de l'agent chargé de coordonner l'opération, déclenchant une procédure de protection fonctionnelle que sa hiérarchie a refusé de couvrir selon les us. Dans le monde du trafic, les animaux les plus sauvages ne sont pas toujours ceux que l'on aperçoit dans leur enclos...

Malgré tout, et grâce au courage de l'agent en charge du dossier, les oiseaux seront acheminés vers le centre de soins jurassien, en attente de la décision de justice.

*

Aujourd'hui, de cette affaire, nous pouvons tirer deux, voire trois leçons.

Premièrement, elle illustre une nouvelle fois le fait qu'un fonctionnaire remplissant sa mission est à peu près certain de devoir subir des pressions internes et externes, des frustrations, voire des sanctions, justifiant au passage l'immobilisme de l'administration de contrôle.

Deuxièmement, selon que les contrevenants sont puissants ou misérables, les jugements de cour les rendront blancs ou noirs : face aux 300 000 visiteurs du Cerza, faire respecter la loi est beaucoup plus difficile que face aux 35 000 visiteurs attirés par le parc de la plume. Les 69 oiseaux (dont des faucons crécerellettes que nous avions aperçus grâce aux CIC accordés par David D.) ont été saisis, envoyés au centre Athénas, expertisés pour jauger leur imprégnation et leurs capacités (de vol, de chasse, etc.). Les derniers ont été relâchés fin 2024 après, pour certains d'entre eux, une dizaine d'années en captivité. Oui, vous avez bien lu, relâchés, et c'est une grande première en France.

Voilà peut-être la troisième leçon à tirer de cette affaire. Elle nous amènerait à constater la preuve définitive, s'il en était besoin, que, sauf exception, il est possible de relâcher des animaux nés en captivité et détenus sur le temps long, quelles qu'aient été leurs conditions de détention. Prétendre que, par essence, c'est un projet vain, voire dangereux pour les animaux n'est qu'un mensonge martelé par le *lobby* des parcs zoologiques au détriment des individus eux-mêmes, mais aussi de la biodiversité.

Il n'existe d'ailleurs pas un seul programme de réintroduction dans la nature qui ne soit pas passé par une opération d'élevage en captivité. Cette pratique signifie qu'un animal né en captivité peut retourner vivre en liberté ou apprendre à vivre en liberté. Seul un geôlier dont le métier est d'exhiber ses prisonniers peut affirmer le contraire.

En France, le gypaète barbu, le vautour fauve, le faucon crécerellette, entre autres, ont été eux aussi réintroduits grâce à une reproduction en captivité. On peut prendre le problème par tous les bouts, à de très rares exceptions près, qui sont du reste à imputer à leur geôlier, un animal sauvage même né en captivité, même détenu depuis longtemps peut retourner dans la nature, et ce, évidemment avec les précautions qui s'imposent.

Il faut le dire et le répéter, pour déconstruire ce mensonge devenu quasi-dogme : un animal captif peut être relâché.

C'est tellement vrai que des espèces exotiques, introduites par accident, négligence ou malveillance dans la nature, donc sans aucune précaution d'usage indispensable en cas de réintroduction, s'y sont trouvées à ce point à leur aise qu'elles ont fini par être qualifiées d'espèces exotiques envahissantes, dites EEE. Cette invasion d'espèces exotiques est à elle seule la preuve que des espèces captives, relâchées à la va-comme-je-te-pousse dans la nature, peuvent être considérées comme envahissantes. Donc, oui un animal captif peut être relâché.

*

L'un des exemples les plus célèbres d'espèces devenues invasives est celui de la tortue de Floride, aussi appelée « tortue à tempes rouges ». Interdite d'importation dans l'Union européenne depuis 1997, elle serait issue d'animaux introduits dans les cours d'eau par des propriétaires désireux de s'en débarrasser. Pas très glorieux, comme acte, mais guère étonnant : les animaleries vendaient de très jolies « tortues adultes » dans un haricot en plastique, avec une petite île et un mini palmier au milieu. Sauf que ces tout petits spécimens soi-disant adultes avaient trois ou quatre jours. Or quand leurs propriétaires s'en occupaient bien, les tortues devenaient de belles bêtes de 30 cm et 3 kg, qui plus est pas toujours commodes et potentiellement dangereuses. Résultat, beaucoup d'acheteurs bernés et piteux ont abandonné leur animal dans le premier cours d'eau venu.

Aujourd'hui, la tortue de Floride se reproduit, résiste au gel et aux canicules, et est réputée pour mettre au pas ses concurrents autochtones. Elle élargit notre démonstration : des animaux nés et élevés en captivité n'ont pas, par essence, d'incompatibilité avec la vie sauvage, même quand ils ne sont pas relâchés sous ses latitudes naturelles et avec le régime alimentaire *a priori* fait pour eux.

Notons que ce cas d'école n'est pas une exception. La perruche – généralement à collier – a envahi toute l'Île-de-France et semble dorénavant essaimer au sud de la France. En 2021, la LPO estimait qu'elles étaient plus de 8 000 dans la région parisienne, soit trois fois plus qu'en 2013. L'origine de son développement dans la nature est controversée. Certains évoquent un lot d'oiseaux qui aurait été libéré par erreur dans un aéroport parisien. Les volatiles ont à ce point joui de leur liberté inespérée que, le 14 février 2018, un arrêté ministériel, actant leur classement comme EEE, glisse l'espèce *Psittacula krameri* dans son annexe I. Désormais, « l'introduction [de ces oiseaux] dans le milieu naturel, qu'elle soit volontaire, par négligence ou par imprudence » est interdite.

Et ceux qui soutiennent l'impossibilité de la réintroduction sont systématiquement des « experts » de la captivité ayant un intérêt à ce que ce dogme soit érigé en vérité. Par exemple, si des animaux sauvages sont saisis, les représentants des zoos vont non seulement tout faire pour récupérer les individus, mais vont en plus affirmer que c'est la seule solution puisqu'ils ne peuvent être remis en liberté. Ainsi, ils auront de grandes chances :

- d'intégrer un peu de chair fraîche à leurs collections ;
- d'événementialiser l'épisode pour créer du buzz sur leurs réseaux sociaux ;
- le monétiser en refourguant du *merchandising*.

Le *business* est implacable, mais c'est le *business*, les animaux saisis n'échappent pas à la règle, ils font même partie intégrante du *business*.

Régulièrement, le combat ressurgit. Ainsi, en mai 2024, Damian Aspinall, directeur de la fondation du même nom, réputée pour sa capacité à relâcher des animaux sauvages dans la nature, dénonçait « 3 000 violations des règles de traitement des animaux » sur 162 espèces de mammifères dans « une trentaine de zoos européens » membres de l'Association européenne des zoos et aquariums, dont le zoo de la Boissière du Doré, en Loire-Atlantique. Et le leader d'insister sur le cœur de son émotion : non pas l'existence de zoos, mais le fait que ceux « qui dirigent ces établissements » et prétendent « démontrer l'excellence dans la conservation des espèces » font, en réalité, « du mal aux animaux en créant le mythe de la conservation tout en faisant preuve d'un grand manque de connaissances ».

Non, les animaux sauvages ne vivent pas mieux dans une cage, si grande soit-elle, que dans la nature. Oui, un animal sauvage est destiné à vivre en liberté, même si cette liberté ne rapporte rien aux « zoocrates », selon le terme de Damian Aspinall, et même si elle comporte les risques inhérents à la vie sauvage.

Et pour ceux qui tenteraient de remettre en cause la légitimité des positions de La Fondation Aspinall, elle a prouvé que ce postulat zoologique était une ineptie. Elle revendique d'avoir réintroduit massivement des animaux nés dans leurs zoos, dont des rhinocéros noirs en Tanzanie, 70 gorilles – c'est absolument énorme, soixante-dix gorilles, d'autant que ces spécimens se sont reproduits et ont donné naissance, aux dernières nouvelles, à 35 individus supplémentaires ! –, des guépards et, dernièrement, une vingtaine d'éléphants en Afrique, mais aussi des primates en Indonésie, des bisons européens en Roumanie et en Espagne, ainsi que des léopards au Cambodge.

L'exemple du parc de la plume repose, au centre des enjeux lors des contrôles, la question du *business* des animaux saisis, dont je développe le principe un peu plus loin.

18.
La puissance des zoos

Le trafic d'animaux est une activité qui, en France, se pratique souvent à bas bruit, dans les territoires, mais se pense, se prépare et se coordonne toujours à grande échelle dans la capitale. C'est ainsi qu'en 2018, à une période où la biodiversité commence enfin à devenir un sujet dont on parle à l'Assemblée nationale sans que personne ne s'y attende et surtout sans raison, un projet d'arrêté modifiant le principe en place depuis 2004 est mis à la consultation publique.

Nicolas Hulot est ministre de l'Écologie, bon, certes ce n'est pas le plus écologiste d'entre nous, mais il a l'avantage à mon sens de l'être devenu suite à une prise de conscience et, depuis, il a quand même bien mouillé la chemise sur le sujet.

D'où mon étonnement à la lecture du projet d'arrêté, qui me donne l'impression de vivre un cauchemar. Jusqu'à présent, la réglementation était loin d'être parfaite, mais elle avait le mérite d'exister et ne demandait qu'à être renforcée, mais là... c'est la modification de trop.

Je prends le temps de lire plusieurs heures durant, comparant attentivement les deux textes, l'ancien et le nouveau, et cherche à quel moment il y a escroquerie, parce que c'est sûr, il y en a une. À la manœuvre comme souvent, c'est Jacques W., qui rend encore plus suspect ce texte.

Pour que le processus démocratique (un bien grand mot quand on connaît le contexte) soit respecté, le ministère effectue une consultation publique à l'attention des concitoyens, communique aux associations qui siègent en CNPN le projet d'arrêté, et le publie. Ça, c'est pour respecter la procédure. Dans la réalité, le ministère, donc Jacques W., se moque éperdument des avis du concitoyen, encore plus du CNPN et, *in fine*, l'arrêté sera publié et appliqué. Connaissant bien la démarche et bien en amont de la réunion du CNPN, je publie un document de 20 pages qui explique à la masse d'écolos endormis ce qu'est exactement cet arrêté et ses conséquences. J'y ai intégré des tableaux clairs pour que chacun, malgré son amateurisme sur le sujet, prenne la pleine conscience de ce qui se joue. N'importe quel président d'association avec ce document en main monterait illico à la capitale rencontrer Hulot, ce qui était pour le coup chose facile. Eh ben, nada, rien, aucune réaction. Ah si, pardon, une, la responsable juridique de la LPO qui, en s'adressant à un de mes interlocuteurs de FNE se posait la question de savoir si ce gars-là, en parlant de moi, était bien sérieux.

Pour être clair, le texte en question ouvre de façon inégalée la porte au trafic et déroule le tapis rouge aux trafiquants, à tel point qu'un des membres du CNPN a interpellé Jacques W. à ce sujet, qui lui a répondu sans retenue : « c'est mon cadeau de départ à la retraite ». Et quel cadeau ! Le sentiment d'impunité du personnage est tel qu'il peut se permettre ce type de sortie sans aucun risque et surtout sans aucun scrupule.

Suppression des possibilités d'établir des analyses génétiques dans les contrôles administratifs, suppression d'une partie des registres obligatoires, simple télédéclaration pour détenir des espèces protégées. Au total, 230 espèces voient leur régime de protection diminuer et 60, auparavant soumises à l'obligation d'un certificat de capacité, passer en régime de détention libre.

Le scandale est tel que je mobilise toutes les personnes que je connais et qui seraient en mesure de formuler un recours contre l'arrêté à sa sortie. C'est finalement une partie de la future coalition Rewild qui amènera le texte devant les tribunaux.

Dans le même temps, pour être certains de ne rien négliger, nous sollicitons un parlementaire qui acceptera de saisir à deux reprises le ministre par une question à l'Assemblée nationale. En réponse, Brune Poirson, secrétariat d'État à la biodiversité, rassurera l'assemblée en lisant sa réponse préparée sans doute par l'administration émettrice du projet d'arrêté. Ah oui, à ce stade, il faut comprendre que le mensonge des fonctionnaires pour faire passer un texte foireux est monnaie courante puisque les politiques dans leur grande lâcheté n'iront jamais vérifier. Par bonheur, je me suis procuré un des documents préparatoires établis par Gérard B., qui est à lui seul une démonstration de la stratégie mensongère mise en place pour faire passer le texte en force[51]. Ce document servira peut-être un jour à confondre les vilains si un parlementaire, s'estimant trompé, venait à demander une enquête parlementaire au sujet du trafic et des fonctionnaires qui le couvrent, on peut toujours rêver.

En désespoir de cause, nous faisons passer le message à Nicolas Hulot qui, sans pour autant nous recevoir au ministère, va quand même bloquer la sortie du texte.

Il démissionnera peu de temps après et, le 18 octobre 2018, paraît au Journal officiel l'arrêté le plus permissif en la matière que la France ait connu. Par conséquent, en France aujourd'hui, il est possible avec une simplicité déconcertante de se servir dans la nature, de falsifier des marquages et de blanchir des espèces

51. https://www.sauvage.bzh/sommaire/?file=Chapitre18/null.pdf

européennes illégalement détenues sans que plus rien ou presque ne puisse arrêter les trafiquants. Et ce, avec la validation de toutes les associations de protection de la nature de France.

À l'heure où j'écris ces lignes, la LPO lance une campagne « la nature en deuil ». T'as raison, Allain, et ça fait bien longtemps qu'elle est en deuil la nature, depuis que ton organisation a vendu son âme au diable, a embauché des communicants plus que de naturalistes et depuis que tu fais lit commun avec les zoos. Ça n'aura pas été faute d'avoir averti du risque, mais quel crédit accorder à un expert sali par l'administration ministérielle et la police de l'environnement ?

*

Le trafic d'animaux sauvages en France a deux poumons : les éleveurs et les zoos. Ce sont ces seconds qui vont nous intéresser à présent. Cependant, pour bien comprendre les enjeux et les problématiques, il faut avoir conscience de l'histoire du secteur.

Les trois quarts des zoos actuellement sur le marché apparaissent entre les années 1970 et 1990.

Certains établissements accèdent à une très grande notoriété, pérenne ou éphémère. Parmi les stars déchues, le parc de Saint-Vrain, fondé en 1974 et fermé en 1999, ou encore le zoo du Val d'Hérault fermé un an après sa création, avant même d'avoir réalisé une année fiscale complète. Sans doute la plus courte histoire d'un zoo en France. En 2025, le zoo le plus célèbre et le plus important par ces flux financiers, donc son influence, est celui de Beauval. Il revendique plus d'un million de visiteurs par an et un chiffre d'affaires de plus de cent millions d'euros en 2022.

Quelques zoos sont sous régie municipale. Ainsi le parc de la Tête d'Or, qui appartient à la ville de Lyon, boosté par son entrée gratuite, revendiquait en 2021 « près de deux millions de visiteurs chaque année », ou le zoo de Lille qui, en 2024, annonçait viser les

300 000 entrées, à peu près le même nombre que la Citadelle où se niche le parc zoologique du muséum de Besançon, autre structure municipale. Aux régies municipales s'ajoutent les établissements publics appartenant au Muséum d'Histoire naturelle de Paris. Le plus célèbre, dans cette catégorie, est sans doute l'infâme Ménagerie du jardin des Plantes, qui accueille près de 500 000 visiteurs par an, selon les chiffres publiés par l'institution en janvier 2023 ; et le plus ancien demeure le Parc zoologique de Paris, plus connu sous le nom de zoo de Vincennes, et ses 700 000 visiteurs en 2022, créé pour l'exposition coloniale de 1931 et rénové au travers d'un partenariat public/privé (PPP) en 2014.

Ces établissements sont des exceptions. En règle générale, les zoos sont des institutions privées, dont certaines comptent à leur tête la troisième génération de dirigeants. Elles peuvent appartenir à des familles, comme les Delord pour Beauval (fondé en 1980), les de La Panouse pour Thoiry (fondé en 1967), les Gay pour le Bioparc-zoo de Doué-la-Fontaine ; mais elles peuvent aussi être la propriété de fonds de pension, ce qui démonte définitivement le mythe du zoo à vocation non lucrative, car on imagine bien que si des spéculateurs investissent dans le secteur, il y a peu de chance que ce soit pour la beauté du geste. Prudentia Capital possède le parc zoologique d'Amnéville. Jadis propriété de Stéphane Da Cunha, le zoo de La Flèche, dans la Sarthe, a été racheté en 2017 par Looping Group, dont le principal actionnaire est Mubadala Investment Company, le fonds souverain de l'émirat d'Abou Dabi, également propriétaire depuis 2015 du safari parc de Port-Saint-Père, près de Nantes[52]. D'autres lieux de captivité sont la propriété de grosses entreprises, comme le parc Astérix qui, jusqu'en 2022, présentait des dauphins

52. https://www.lesechos.fr/2017/11/le-zoo-de-la-fleche-repris-par-le-groupe-looping-187696

et des otaries, et qui appartient à une filiale de la compagnie des Alpes et son milliard d'euros de chiffre d'affaires[53].

De telles caractéristiques sont significatives : basiquement, le zoo est une entreprise privée qui vise par définition à gagner de l'argent. Si l'on accepte le jeu, ce n'est pas une honte en soi, mais, dans ce cadre, il est évident que la biodiversité, la conservation et le bien-être animal ne peuvent pas être le cœur de son projet et de sa philosophie.

*

Quelle que soit leur localisation ou leur dénomination euphémistique (« Bioparc », « safari », « espace animalier », etc.), les zoos ont pour objet la présentation d'animaux captifs au public. Les zoos privés ont pour ambition supplémentaire de dégager des bénéfices et de distribuer des dividendes. Contrairement au narratif matraqué par les services de presse, le zoo actuel n'est jamais un projet de passionnés qui se sont réveillés un matin en s'écriant : « Hey ! Si on sauvait des p'tites bébêtes ? »

Certains zoos sont réputés pour avoir déclenché de gigantesques campagnes de capture de félins, d'otaries, de manchots ou de singes avec des taux de mortalité épouvantables et des conséquences gravissimes sur les milieux naturels ainsi dévastés. Au reste, la pratique n'est pas toujours dissimulée. Certains prédateurs se risquent même à présenter ces massacres comme des bienfaits pour l'humanité. En 1968, pour justifier ses achats de primates « dans le sud Cameroun », Claude Caillé, fondateur du zoo de la Palmyre, a expliqué comment, pour lui, l'Afrique est essentiellement

53. https://www.compagniedesalpes.com/sites/default/files/widgets/reference_document/2025-02/COMPAGNIE_DES_ALPES_DEU_2024_FR_MEL%20%281%29%20%281%29.pdf, p. 4.

un vivier d'animaux dans lequel il est bon de faire son marché, car cela soutient la population locale. À l'en croire :

« La solution n'est pas de condamner les parcs zoologiques, accusés de tous les maux de la Terre. Il faudra bien que, un jour, les nations nanties partagent leurs richesses avec celles qui sont dans le sous-développement. La sauvegarde de l'humanité, qu'elle soit jaune, noire ou blanche, devrait passer avant celle des animaux. Alors, seulement, on pourra parler de protection de la nature, car les habitants de ce pays n'auront plus besoin de tuer la faune pour se nourrir »[54].

En pillant les ressources naturelles africaines, en esquintant la biodiversité locale pour la transformer en pognon, les zoos deviendraient donc des bienfaiteurs de l'humanité mondiale, sans distinction de race ou de continent. Même dans les années 1960, il fallait les avoir bien attachées pour oser, écrire, signer et publier une telle déclaration !

*

Les années 2000 marquent un retournement de situation. Les zoos veulent abandonner leur côté consommateur d'animaux pour répondre aux nouvelles exigences de l'opinion. La famille Delord prend la main sur le seul syndicat de zoos survivant et entame d'incroyables actions de *lobbying* pour faire reconnaître les zoos comme étant des institutions respectables de l'environnement. Adieu divertissement ; salut conservation !

La manière de penser les animaux sauvages et de traiter leur captivité reste évidemment la même. Seul le discours change, mais peu importe. Ceux qui sont à l'origine de la disparition d'animaux dans leur milieu naturel se présentent désormais comme des

54. Claude Caillé, *Mon zoo, ma vie*, éditions du zoo de la Palmyre, 1989, p. 14.

bienfaiteurs de la biodiversité, les bourreaux d'hier se revendiquant les sauveteurs d'aujourd'hui.

Cette entourloupe ne résiste pas à un simple examen des faits. Par exemple, pour ce livre, j'ai compilé les données de 86 zoos afin d'esquisser le nombre d'animaux détenus par cette industrie mortifère. Selon les chiffres officiels que j'ai pu glaner, plus de 180 000 spécimens sauvages sont détenus chez ceux qui essayent de couvrir leur fringale de fric par un ripolinage écologique bidon. Ces 86 établissements cumulent plus de 21 millions de visiteurs/an pour un chiffre d'affaires de 400 millions d'euros. Plus largement, en 2023, la France comptait « près de 400 parcs animaliers » avec un billet d'entrée fixé « entre 15 et 30 € par personne »[55] (en 2025, le billet adulte dépasse allègrement les 30 €, jusqu'à 41 € pour Beauval). Il n'est pas impossible que la réalité de la détention animale approche, peu ou prou, les 200 000 à 220 000 individus maintenus en captivité par l'industrie des zoos français.

Comme tout gros secteur bien structuré, donc bien infiltré parmi les décideurs, les zoos ne se contentent pas de subir les normes : ils les modifient à leur avantage pour, précisément, maximiser leurs profits. Au nom, par exemple, de la préservation de l'emploi, de la sensibilisation à l'écologie et du développement des territoires, ils exigent et obtiennent souvent des modifications réglementaires ou fiscales leur laissant de plus en plus les mains libres. Notons au passage que les vrais fautifs ne sont pas les entrepreneurs qui réclament, mais les politiques et les fonctionnaires qui cèdent à leurs injonctions !

*

55. https://www.francebleu.fr/emissions/l-eco-des-vacances-l-eco-des-loisirs/zoos-et-parcs-animaliers-la-sortie-preferee-des-francais-7678981

Après la mise en place d'une communication agressive pour faire valoir leur «nouvelle mission» vertueuse, il convient de changer la loi restrictive qui régit les zoos. En 2004, la réglementation française s'assouplit considérablement, et fait entrer, au titre d'une harmonisation avec une directive européenne, une notion de « conservation » dans les textes réglementaires. Rien de très contraignant en fait, juste une obligation de favoriser la diversité génétique des populations captives.

C'est à cette période que l'influence des zoos, représentés par leur syndicat, va exploser. Pour le comprendre, il suffit de consulter les propres documents de l'Association Française des Parcs Zoologiques (AFdPZ) afin de mettre en évidence que l'organisation n'est ni plus ni moins qu'un *lobby* qui s'assume. Son but est, d'une part, « d'assurer la représentativité [des établissements zoologiques français] devant les autorités de tutelle et devant les organisations internationales » et, d'autre part, « d'œuvrer à leur promotion auprès des médias comme du grand public », outils de « promotion » visant en partie à donner bonne conscience aux visiteurs.

L'AFdPZ est systématiquement invitée au moindre symposium, à la moindre réunion, colloque ou consultation ministérielle sur le sujet de la biodiversité, du bien-être animal ou de la lutte contre le trafic de la faune sauvage... Ces participations permettent d'afficher leur pseudo-mission de conservation, d'asseoir leur autorité dans le domaine, séduisant l'assistance avec un discours bateau sur la conservation, discours qui laisse sceptique, mais auquel tout le monde veut croire, au nom du « c'est mieux que rien »[56].

Le bluff marche tellement bien que le ministère de l'Écologie se transforme presque en VRP des zoos. Il suffit de se rendre sur le site Internet du ministère pour comprendre que les zoos sont

56. https://www.sauvage.bzh/sommaire/?file=Chapitre18/communiqueMN-HN.pdf

positionnés comme spécialistes de la conservation et non comme exploitants du vivant.

C'est à ce point que lorsque Barbara Pompili annonce la fin de l'utilisation des animaux sauvages dans les cirques, elle le fait au zoo de Vincennes. Sans commentaire[57].

Ce positionnement permet aux zoos d'occuper une place indûment acquise, où ils exercent un réel pouvoir d'influence afin de demander et d'obtenir une tolérance dans bien des domaines au nom de la conservation. Ah ! « Conservation », le mot est lâché. Il est donc possible, au nom de cette conservation, de présenter et de vendre des espèces protégées par la CITES, dont le commerce est interdit, simplement parce que le ministère de l'Écologie, ou plutôt certains de ses fonctionnaires ont accordé aux zoos un statut « d'élevage conservatoire », à vocation pédagogique et non commerciale[58]. Plus de 400 millions d'euros de chiffre d'affaires pour près de 40 millions d'euros de bénéfices, et on considère au ministère de l'Écologie que ces établissements ne sont pas des établissements commerciaux. Cette considération dévoile à elle seule le jeu de ceux qui déroulent le tapis rouge à des *lobbies*, dont il faudra bien un jour regarder en face le vrai visage.

Porté par des stratégies de communication efficaces, le commerce zoologique fonctionne sur une série de mensonges, soigneusement érigés, à la façon de piliers de soutien à la cause. Mais ces piliers commencent doucement à se fissurer, simplement parce que certains, dont je fais partie, ont refusé de se laisser endormir par la partition de flûte jouée par le président de L'AFdPZ.

---

57. https://www.liberation.fr/environnement/climat/barbara-pompili-je-connais-les-obstacles-je-savais-a-quoi-mattendre-20210225_SYZFDSERJVHKPJHMEGC7IOYVXM/

58. https://www.sauvage.bzh/sommaire/?file=Chapitre18/Formation%20AFDPZ%3ACITES.pdf

Pour la diffusion de ces mensonges, tout est bon. Émission spéciale, série à épisodes, campagne d'affichage et même jusque dans la pub : Carglass[59] qui vous propose de réparer votre pare-brise pendant votre visite du zoo de Beauval. À force de matraquer le message positif des zoos et les mensonges pour justifier leur visite, le public, peu enclin à réfléchir sur le sujet, se laisse séduire et berner.

59. https://actus.zoobeauval.com/carglass-repare/

19. L'illusion de la conservation

De tous les mensonges de l'industrie du zoo, la conservation est sans nul doute le plus gros d'entre eux, celui qui lui confère le plus de croyants, lui apporte le plus d'avantages, et permet de dorer à l'or fin un blason en carton-pâte. Je crois qu'à ce sujet le message est bien passé auprès du public, tout le monde est persuadé qu'un zoo, c'est l'arche de Noé sans laquelle les animaux auraient disparu.

En théorie la conservation c'est une opération de sauvegarde, dont le résultat bénéficie aux espèces ou aux espaces qu'elles habitent.

Or pour être qualifiée comme telle, la conservation d'une espèce s'entend par la préservation de sa diversité génétique et de ses aptitudes comportementales. La diversité génétique est préservée notamment par le nombre d'individus détenus, opérant un brassage qui évite la consanguinité et la dérive génétique. La préservation du comportement naturel s'exerce, quant à elle, au travers de structures de détention aménagées dans un milieu proche de celui d'origine, établies en zones où la tranquillité des pensionnaires peut être respectée. Les animaux y sont confrontés aux rivalités et dynamiques de domination du groupe, à la territorialité, à la recherche d'alimentation, à la prédation, à la compétition sexuelle… L'absence de ces critères fait de la conservation par le zoo une grande illusion.

Les zoos sont incapables de répondre à ces conditions essentielles qu'exige la conservation, tant du point de vue génétique que du point de vue des territoires mis à disposition des animaux, dont la taille ridicule pousse la plupart d'entre eux à développer des pathologies comportementales hypothéquant à elles seules les opérations de conservation. Ces pathologies sont tellement répandues que pour nommer cette « folie liée à la captivité » on parle de stéréotypie, tellement plus jolie. Et pour tenter de vaincre cette folie, on met en place des stratégies appelées « enrichissement », gérées par des éthologues. Éthologues et enrichissement sont les deux mots à la mode dans la sémantique des zoos pour convaincre de leur professionnalisme et montrer à quel point ils se soucient du bien-être de leurs animaux. Mais, quels que soient les mots que l'on pourrait utiliser pour la maquiller, cette folie est un fait, elle est directement induite par la détention des animaux sauvages en captivité, et un nombre très important en sont atteints.

En zoo, chaque naissance donne lieu à une campagne de communication bien huilée, et régulièrement, pour l'occasion d'une insémination artificielle, pour l'anniversaire d'un pensionnaire d'un âge « exceptionnel » ou pour l'arrivée d'un nouvel animal, on en remet une couche parfois jusqu'à l'indécence, comme à l'occasion de l'arrivée des pandas ou des singes dorés au zoo de Beauval. Le message est clair, les zoos sauvent les espèces en permettant leur reproduction. Pas un été ne se passe sans une émission spéciale sur les zoos (toujours les mêmes) qui nous vantent les mérites de cette détention conservatoire désintéressée.

Ce que les zoos appellent de la conservation est en fait un plan d'élevage européen (EEP) permettant la gestion des individus en captivité. Ne nous y trompons pas, les EEP sont des programmes dont l'objet est d'éviter qu'un père s'accouple avec sa fille ou une mère avec son fils, par la mise en place d'un *stud-book* et la nomination d'un coordinateur. C'est un plan de gestion de collection tel qu'il se pratique depuis 200 ans dans les haras nationaux pour les chevaux, sans que personne n'ait jamais appelé ça de la conservation.

Les nombreuses espèces, pour lesquelles on nous vante la reproduction, sont en général très courantes dans la nature. Dans une étude parue en 2012, l'association Born Free mettait déjà en évidence que seuls 17 % des espèces présentes en zoo étaient des espèces menacées[60]. Les jeunes engendrés dans ces établissements seront même fréquemment euthanasiés pour cause de surplus[61] ou de mauvaises origines génétiques, comme au zoo de Copenhague qui défraya la chronique en 2014. Un girafon et quatre lions y avaient été euthanasiés sous prétexte d'inintérêt génétique après, bien sûr, que l'établissement a largement profité du succès engendré par la présence de ces jeunes animaux[62].

Même l'EAZA, le syndicat européen des zoos admet qu'entre 3 000 et 5 000 animaux en parfaite santé sont euthanasiés par an en Europe pour ces raisons[63]. Au-delà de l'aspect idéologique de cette méthode de gestion qui participe au grand mensonge sur le rôle conservatoire des zoos, cette gestion est totalement illégale, notamment sur le territoire national. En France, le code rural en son article R 655-1 précise que : « Le fait, sans nécessité, publiquement ou non, de donner volontairement la mort à un animal domestique

60. https://www.sauvage.bzh/sommaire/?file=Chapitre19/BELGIUM.pdf
61. https://www.ouest-france.fr/leditiondusoir/2018-01-15/le-zoo-fait-...e-lionceaux-il-en-euthanasie-61d3d320-d9ef-4bce-9231-76abfb1e6323
62. https://www.sauvage.bzh/sommaire/?file=Chapitre19/LemondeGirafon.pdf
63. https://www.20minutes.fr/planete/1334250-20140326-girafon-quatre-lions-pourquoi-zoo-copenhague-euthanasie-animaux ; https://www.rtbf.be/info/societe/detail_3-a-5-000-animaux-euthanasies-chaque-annee-dans-les-zoos-europeens?id=8211000

ou apprivoisé ou tenu en captivité est puni de l'amende prévue pour les contraventions de la 5e classe »[64] (de 1 500 à 3 000 euros en cas de récidive), la vie d'un animal sauvage ne vaut au passage pas grand-chose.

En se plongeant dans le livre des origines des espèces, les *stud-books*, il est facile de mettre en évidence que la qualité génétique des individus reproduits est d'une telle médiocrité qu'elle ne permettra pas, dans bien des cas, leur retour à la nature. Rhinocéros indien, koala, panda roux, panthère de Perse, okapi, lion d'Asie, entre autres, possèdent un taux de consanguinité qui hypothèque leurs chances de survie en milieu naturel et engendre un risque de dégénérescence de l'espèce. Ce taux de consanguinité explique en partie la faible viabilité de certains individus et la mortalité importante des jeunes.

Quelques exemples ? L'okapi, girafidé d'Afrique centrale, est totalement symptomatique du décalage entre le discours et la réalité. Dix okapis sont détenus en France dans quatre établissements. Ces dix animaux ont les mêmes ascendants. Difficile dans ces conditions de continuer à plaider la conservation pour justifier la présentation au public. Cette espèce est pourtant classée en danger critique d'extinction et sa population sauvage est estimée à moins de 50 000 individus. Au zoo de Beauval, établissement leader dans le domaine, les okapis sont présentés dans des enclos herbeux sans arbres, malgré le comportement forestier de cette espèce. Les individus attendent tristement la ration journalière devant la porte de la loge dès 16 h, bel exemple de préservation du comportement.

La situation est sans doute encore pire pour les rhinocéros indiens, dont 18 sont détenus en France dans six zoos. La totalité des animaux est issue d'un couple originaire du zoo de Bassel

64. https://www.legifrance.gouv.fr/codes/article_lc/LEGIARTI000006419579

en Allemagne. Dans les autres zoos d'Europe, 75 individus sont détenus dans 28 zoos différents. Seuls sept de ces 75 individus ne sont pas issus du couple allemand. Le rhinocéros indien est classé vulnérable par l'IUCN et n'est plus représenté que par 2 575 individus dans la nature.

Même le roi des animaux, pourtant jadis si courant, n'échappe pas à ce phénomène. Une étude publiée dans la revue *Mammalian Biology*[65] montre que pour le lion d'Asie « la population de base du programme comprend des individus issus d'unions entre frères et sœurs ou demi-frères et demi-sœurs, notamment en ce qui concerne toutes les femelles fondatrices ». Entre 2007 et 2009, près de 70 % des 57 lionceaux nés dans ce programme sont morts au bout de quatre mois, dont une majorité après quelques semaines seulement. En cause, la consanguinité entre les descendants des neuf lions « fondateurs ».

Cette pauvreté génétique est en même temps une aubaine puisqu'elle permettra de justifier des opérations de capture au nom de la sauvegarde de la pureté génétique de l'espèce. Au passage, ces opérations donnent lieu à l'utilisation des animaux en les présentant au public, ce qui est totalement antinomique avec des actions de conservation.

Une chose est sûre, la qualité génétique du cheptel captif en Europe ne permettra pas le retour à la nature des espèces détenues[66].

Au-delà de la consanguinité, qui peut éventuellement se délayer sur plusieurs générations (le fameux « sang nouveau »), le métissage et l'hybridation interdisent normalement tout retour à la nature. La prise en compte des sous-espèces est assez récente et, jusque dans les années 1980, gorilles, girafes, chimpanzés, lions, tigres et perroquets étaient couramment métissés entre sous-espèces.

---

65. https://www.sauvage.bzh/sommaire/?file=Chapitre19/MammalianBiology.pdf
66. https://www.lexpress.fr/informations/le-faux-alibi-des-zoos_624822.html

Le métissage et la consanguinité sont tels que de nos jours un des « grands travaux » de ces établissements consiste à étudier les origines génétiques pour envisager d'écarter les « impures » pour la conservation. La biodiversité n'aura malheureusement pas le temps d'attendre que ce « tri » soit opéré et certaines espèces ne seront bientôt plus présentes qu'en captivité, renforçant le positionnement des zoos en tant qu'établissements de la dernière chance.

Au-delà de cet écran de fumée qu'est la conservation par l'élevage, il convient de ne pas confondre naissance et reproduction. La reproduction prend en compte l'ensemble d'un cycle de vie, à savoir de la naissance jusqu'à la capacité du jeune à se reproduire à son tour. Pour que la reproduction soit un succès, le nombre de naissances doit dépasser le nombre de morts, ce qui est rarement le cas. La naissance n'est que la mise au monde d'un jeune, cette étape n'étant pas la plus difficile du cycle de vie d'une espèce.

Autant les naissances sont importantes (mais sur tellement d'espèces sans enjeu de conservation, le sont-elles vraiment), autant le cycle complet de reproduction est beaucoup moins évident. Il suffit de prendre pour exemple des espèces symboles, dont les enjeux de conservation sont réels comme l'éléphant d'Afrique, pour s'apercevoir que le taux de naissance viable est extrêmement faible, et ce, notamment en raison des conditions de détention. Sur cette espèce en particulier, la mortalité prématurée est considérable. Sur les 223 éléphants d'Afrique morts dans les zoos européens, plus de 35 % n'atteindront pas la maturité sexuelle de 15 ans. 72 % d'entre eux avaient été capturés dans la nature, seuls 30 se reproduiront donnant 89 jeunes, dont seulement 34 sont encore en vie.

Alors bien sûr, il y a les réintroductions, nouveau cheval de bataille des zoos et nouvelle stratégie de communication. Le cerf du père David, l'oryx d'Arabie, la bernache d'Hawaï, le bison d'Europe, le vautour fauve, l'ibis chauve et le cheval de Przewalski sont les sept emblèmes de la «*success story*» en matière de réintroduction réalisée grâce aux zoos.

Il convient de tempérer largement ce succès, d'abord parce que dans la plupart des cas, les animaux ont été élevés dans des établissements d'élevages spécialisés avec des individus, certes, récupérés dans des zoos. On peut donc parler de participation à la réintroduction, mais guère plus. Et d'autre part, parce que pour plusieurs espèces, la qualité génétique des espèces réintroduites est totalement discutable. Ainsi, la population réintroduite de chevaux de Przewalski est issue de treize individus. Au passage, ils avaient disparu en raison d'une demande importante des zoos. La consanguinité de cette espèce est, entre autres, à l'origine de modifications morphologiques importantes qui rendent incertaine la réussite sur le long terme de cette réintroduction. Cette espèce pourrait même devenir le symbole de l'échec de la conservation *ex situ* du modèle zoo.

Actuellement, la pression sur les zoos et sur la nécessité de renforcer leur alibi de la conservation est telle que les plus gros se lancent directement dans le retour à la nature, à grand renfort de presse permettant aux fans de dire : «Ah, tu vois... Ils en font de la conservation!» C'est ainsi que deux gorilles en provenance du zoo de Beauval sont allés rejoindre leur pays d'origine en vue d'un retour à la nature[67]. Ce retour est lui aussi à relativiser et à mettre en comparaison avec la réalité des chiffres. Premièrement, ils ont été lâchés, dans un premier temps, en zone sanctuarisée de trois hectares et demi, et non «dans la nature»; et deuxièmement, ce «programme» ne concerne que deux gorilles sur 17 détenus à Beauval. Mais surtout, ce sont deux animaux relâchés sur 35000 présentés au public dans ce zoo. La Fondation Aspinall, à l'origine

67. https://actus.zoobeauval.com/article/premiere-reintroduction-de-gorilles/

de ce programme, a, quant à elle, déjà réintroduit 60 gorilles. Le retour de deux gorilles issus de Beauval n'est qu'une infime participation qui nécessiterait *a minima* un peu plus d'humilité.

Quoi qu'il en soit et dans les rares cas où les zoos mettent effectivement en place des actions de conservation, elles ne sont en aucun cas des opérations héroïques, mais juste une compensation aux atteintes perpétuées pendant près de 100 ans de capture et de chasse en vue d'enrichir des collections pour un bénéfice souvent privé. Cette participation est un juste retour des choses et ne mérite, à mon sens, ni gloire ni médaille.

20.
La pompe à oseille

Au-delà des EEP, mis en avant par les zoos, ces derniers arguent également de financer des programmes de conservation *in situ*.

Le financement de la conservation est l'un des arguments phares des zoos, il est cependant difficile à quantifier et le montant des participations est assez occulte. En fait, au regard du bénéfice de certains de ces établissements, notamment des plus gros, le financement qu'ils réservent à la conservation fait office de miettes jetées aux associations, telle de la nourriture aux pigeons parisiens. La WAZA (l'Association mondiale des zoos et des aquariums), qui regroupe environ 1 300 institutions, déclare financer chaque année des programmes de conservation pour un montant de 350 millions de francs (soit un peu moins de 79 millions d'euros), ce qui, reporté aux 1 300 institutions membres de la WAZA, revient à un peu plus de 60 000 euros par zoo, soit moins de 0,50 % de leur chiffre d'affaires[68] par an. Ce calcul de chiffre d'affaires ne prend pas en compte ni le *merchandising* ni la restauration, qui pèsent pour près de 30 % du budget. L'EAZA (l'Association européenne

68. 700 millions de visiteurs avec un ticket moyen de 25 euros = 17 500 000 000 € = 0,45 % de leur CA.

des zoos et aquariums), quant à elle, déclare avoir financé cinq millions d'euros en 15 ans pour une centaine de zoos participants, soit 3 333 € par zoo et par an[69].

À titre d'exemple, le détail des opérations de conservation et de leur financement, présenté dans les comptes rendus de l'association Beauval Nature, en dit long sur la technique de collecte de fonds et sur la communication qui permet de vendre, aux crédules, les bienfaits des zoos pour la conservation.

Pourquoi Beauval ? Sans doute parce que c'est celui dont on parle le plus, celui qui fait le plus grand, le mieux, l'unique, de leurs propres propos, et que c'est le plus gros budget alloué à la conservation pour la France, enfin en apparence. La lecture des bilans 2017, 2018, et 2019 de l'association Beauval Nature nous révèle, en premier lieu, que le zoo de Beauval n'a jamais donné plus de 176 000 € à la conservation, au travers de son association. C'était en 2019[70], année pour laquelle l'établissement affiche un bénéfice de 4 467 000 €[71].

En 2017 et 2018, pas un centime n'est donné à la conservation[72] par le zoo, et ce, malgré un bénéfice de 3 580 600 € pour 2017 et 4 538 200 en 2018[73]. En se plongeant dans le détail du budget de l'association, on s'aperçoit qu'il n'est composé que de dons. Ces dons émanent, soit de quelques zoos, soit de partenaires privés. Les zoos ont contribué pour 28 600 €/an sur les trois années de référence, et les partenaires privés pour près de 410 000 €/an en moyenne.

69. https://www.parcanimalierlabarben.com/animal/campagnes-eaza?cn-reloaded=1
70. https://beauval-nature.s3.eu-central-1.amazonaws.com/pdf/rapport_activites_beauval_nature_2019.pdf
71. https://www.sauvage.bzh/sommaire/?file=Chapitre20/BeauvalComptes2019.pdf
72. https://www.sauvage.bzh/sommaire/?dir=Chapitre20/Rapport2017-18
73. https://www.sauvage.bzh/sommaire/?file=Chapitre20/Beneficebeauval2017-2018.pdf

Ainsi AAB, Aeb, API Surveillance, Aux Charpentiers de France, CMF et tant d'autres ont contribué à plus de 50 % du budget. Ces derniers d'ailleurs, qu'ils soient nommés mécènes ou donateurs, se retrouvent souvent parmi les fournisseurs du zoo. Du coup, la notion de désintéressement nécessaire à la défiscalisation est-elle bien respectée ?

On peut y lire également qu'une somme de près de 110 000 €, donnée en nature par Beauval, représente le travail des salariés investis dans l'association Beauval nature, le fameux bénévolat valorisé. Bien que la technique ne soit pas forcément illégale, elle permet de se poser la question de la motivation du personnel qui, pour le coup, s'investit dans l'association sur son temps de travail, remettant en cause la notion de bénévolat associatif, et sur les motivations du zoo qui fait payer à l'association les heures travaillées à la conservation, il n'y a pas de petit profit.

Un fait résume mieux que tout autre à quel point la conservation est un prétexte et non une réelle conviction, Beauval s'est doté d'une « maison de la conservation ». Jusqu'en 2021, il s'agissait en réalité d'un kiosque en bois de 4 m^2 pour un zoo de 44 hectares exploités pour le loisir[74].

Et si je devais enfoncer le clou, je rajouterais que Beauval, c'est également quatre hôtels pour un total de 1 400 lits, représentant un investissement de 42 millions d'euros et un budget publicitaire de 2,5 millions d'euros par an[75]. À titre de comparaison, il faut 250 euros pour acheter et sauver un hectare de forêt équatoriale[76]. Le dôme de Beauval, nouvelle attraction 2020, aurait permis de financer

74. https://www.sauvage.bzh/sommaire/?file=Chapitre20/Maisonbeauvalnature.png
75. https://www.sauvage.bzh/sommaire/?dir=Chapitre20/Beauvalentreprise
76. https://www.lemonde.fr/planete/article/2007/06/28/un-site-pour-acheter-et-sauver-les-forets-tropicales_929241_3244.html

l'acquisition de 160 000 hectares de ce trésor de biodiversité[77]. La conservation, c'est avant tout une question de priorité…

Ces investissements monstrueux, nécessaires à la détention des animaux en captivité, mettent à mal l'argument du coût de la réintroduction pour justifier qu'il y en ait si peu, au regard de celui nécessaire au maintien en captivité, qui coûte au zoo de Beauval 125 000 € par jour pour l'année 2019.

---

77. https://www.lesechos.fr/pme-regions/centre-val-de-loire/le-zoo-de-beauval-investit-40-millions-dans-un-dome-tropical-1169986

21.
L'aura du panda

Les zoos ne mentent pas que sur leur apport à la conservation. Ils mentent aussi quand ils prétendent qu'ils n'achètent pas d'animaux. À peine s'ils admettent qu'ils pratiquent des échanges...

« Pas de vente »[78], c'est la position affichée par l'AFdPZ (association française des parcs zoologiques), dont la première mission est, allez, c'est facile à deviner... la conservation, bingo ! C'est au nom de cette gratuité virtuelle que le ministère de l'Écologie a octroyé aux zoos un sauf-conduit qui permet la délivrance de CIC spécifique, au travers duquel l'utilisation des espèces protégées sans vente est rendue possible[79]. Donc, remettons l'église au milieu du village. Un, par définition, les zoos commercialisent des animaux, dans la mesure où ils vendent des tickets (et davantage) à leurs visiteurs. Deux, dans les faits, contrairement à ce qu'ils prétendent, les zoos louent, achètent et vendent des animaux, ce qui n'a rien de délictuel si leur provenance est légale. Trois, puisque ces établissements louent, achètent et vendent

78. Publication site Internet AFdPZ.
79. https://www.sauvage.bzh/sommaire/?file=Chapitre18/Formation%20AFDPZ%3ACITES.pdf

des animaux, comment les laisser prétendre qu'ils contribuent à la conservation ?

Entre 2000 et 2005, huit zoos français ont acheté 14 rhinocéros blancs en provenance d'Afrique, représentant un marché de plus de 320 000 euros. L'Europe n'est pas en reste puisque sur cette même espèce, 55 individus ont donné lieu à des transactions commerciales dans 33 zoos européens pour un montant de près de 2 000 000 euros.

À lui seul, le zoo de Beauval a, entre 2008 et 2019, soit acheté, soit vendu plus de 25 espèces différentes. Un fourmilier géant, trois tigres, deux lions, un jaguar, un takin du Sichuan, deux rhinocéros blancs, une otarie de Californie, mais aussi un cacatoès des Moluques, trois cacatoès des Philippines, trois perroquets de Pesquet, un serpentaire, et tellement d'autres... Le tout pour une valeur de plusieurs centaines de milliers d'euros. Ces ventes se sont effectuées soit entre zoos, soit du zoo de Beauval vers des privés et vice-versa[80].

Sur ces dizaines d'espèces, plusieurs d'entre elles sont achetées dans le pays d'origine des animaux. Certaines sont même achetées en animalerie comme un caïman à lunettes acheté à la Ferme Tropicale de Paris, tiens, tiens ! Dans d'autres cas, les ventes sont effectuées par l'intermédiaire de fournisseurs, pour certains déjà condamnés pour des infractions concernant la vente d'espèces protégées.

Il serait trop long de dresser la liste exhaustive du nombre d'animaux commercialisés par les zoos français, mais c'est désormais une certitude : cet argument des échanges ne tient plus.

Ils ne sont d'ailleurs pas les seuls à pratiquer la vente, et certains le font ouvertement. Ainsi le Loro Parque de Tenerife, à travers sa fondation, reproduit des perroquets rares et les vend sous prétexte

80. https://www.sauvage.bzh/sommaire/?dir=Chapitre21/Zimsvente

de financer leur protection. C'est un peu comme si on ouvrait une maison close pour sortir les prostituées de la rue, ça n'a pas beaucoup de sens[81].

Un établissement du nord de la France totalement illégal (absence d'autorisation d'ouverture et de certificat de capacité), du nom de JACO ANIMAUX, fournit pourtant les zoos français. Chez lui, un paresseux vous coûtera 4 250 €, un fourmilier à collier 5 000 €, un couple de chats pêcheurs 4 750 €... Il n'est pas le seul fournisseur d'animaux en France. Ainsi International Zoo Services, Zoological Services, IWELS, Zoo Ekzo sont quelques-uns des fournisseurs qui proposent chaque année plusieurs milliers d'animaux allant du canari à l'éléphant d'Afrique en passant par les chimpanzés, les orangs-outans, les tigres, les lions, les girafes...

Alors les croyants vont dire que c'est une exception... C'est tellement fréquent, notamment pour les oiseaux quasiment devenus une marchandise consommable, et dont le taux de mortalité peut frôler les 100 % sur certaines espèces, que l'EAZA, par l'intermédiaire de sa plateforme Zim's, met à disposition une liste de 400 importateurs, commerçants et animaleries pour ses zoos adhérents[82].

Cette liste contient même des noms de personnes parfois condamnées à plusieurs reprises ou recherchées par Interpol[83]. La proximité entre les commerçants, les trafiquants et les zoos ne laisse plus la place au doute sur le rôle que jouent ces établissements dans le commerce, et par extension le trafic.

Sous le mensonge du non-commerce se cache le mensonge du mensonge. Avec l'extension économique des pays émergents, on

---

81. https://avesdojorge.com/wp-content/uploads/2021/03/LPF-28-05-2025.pdf
82. https://www.sauvage.bzh/sommaire/?file=Chapitre21/importateurEAZA.pdf
83. https://www.sauvage.bzh/sommaire/?file=Chapitre21/Iwels.pdf ; https://www.leparisien.fr/seine-et-marne-77/un-trafic-d-animaux-exotiques-demantele-31-03-2004-2004873979.php

assiste à une explosion de la construction de zoos, à l'image de la démesure de ceux réalisés en Chine, ce pays pourtant montré du doigt pour la façon dont les animaux y sont détenus. C'est peut-être l'un des pires endroits au monde pour être un animal captif. Animaux jetés vivants aux prédateurs, affamés, échappés, pas une année sans que les zoos chinois soient éclaboussés par un scandale[84].

Pourtant la Chine entame actuellement une opération sans précédent d'achat d'animaux, notamment en provenance d'Afrique. Ces animaux pourront potentiellement se retrouver dans les zoos européens par le truchement et sous prétexte d'échanges au nom de la conservation. Ainsi, ils enrichissent leur « collection » en animaux sauvages prélevés dans la nature, malgré les alertes et les recommandations de l'IUCN[85].

Les éléphants, une fois de plus, sont un véritable enjeu pour ces zoos qui profitent d'un prétexte de surpopulation dans certains pays comme le Zimbabwe, sont vendus pour une vie de captivité toujours au nom de la conservation. Entre 2012 et 2019, 67 éléphanteaux ont quitté le Zimbabwe en direction de la Chine, malgré une résolution de la CITES qui s'oppose à ce commerce. Le contrat est de plusieurs millions de dollars et la résistance scientifique ainsi que les protestations des spécialistes n'auront, au regard de l'enjeu économique, pas réussi à stopper ces départs[86].

---

84. https://www.huffingtonpost.fr/international/video/en-chine-course-poursuite-avec-un-le-opard-echappe-d-un-zoo_181266.html ; https://www.linfo.re/monde/asie/719909-chine-insatisfaits-les-investisseurs-d-un-zoo-lancent-d-autres-animaux-aux-tigres
85. https://www.sauvage.bzh/sommaire/?file=Chapitre21/CourrierIUCN.pdf
86. https://www.leparisien.fr/societe/le-triste-commerce-des-elephanteaux-vendus-a-la-chine-30-10-2019-8183160.php https://www.aa.com.tr/fr/afrique/le-zimbabwe-vent-des-éléphants-à-la-chine-malgré-les-protestations-des-écologistes/502046

Mais les pays émergents ne sont pas les seuls à importer des éléphants pour les enfermer dans des zoos. C'est ainsi que les éléphants du zoo de Beauval viennent en direct de la nature par le biais d'un zoo anglais, qui les a acquis en Afrique, tout en plaidant pour la sauvegarde de cette espèce, on n'est pas à une contradiction près[87].

Ajoutons à ces éléments que la commercialisation de la faune sauvage n'est pas réduite à l'achat d'animaux. Ceux-ci se louent aussi. Les plus célèbres et les plus politiques sont les pandas que Beauval loue officiellement contre 800 000 € par an[88]. Au passage, leur arrivée en France a permis au zoo de passer de 600 000 visiteurs à 1 million, et ne cessera de croître affichant tour à tour des soutiens de l'ensemble de la classe politique, et j'allais dire presque toutes catégories confondues. Pour garder ses pandas géants pendant 10 ans de plus, un zoo de Taïwan a payé 11 millions d'euros[89], et le zoo de Pairi Daiza devra s'acquitter, quant à lui, d'un loyer de 1 million de dollars par an pour garder les siens, mais le jeu en vaut la chandelle[90].

Malgré l'ensemble de ces éléments, jamais personne ne remet en cause ces établissements, au nom d'une déification assez mystérieuse. Même lorsque vous utilisez des arguments techniques, scientifiques, factuels, il y a toujours une catégorie de croyants qui défendra ces pratiques coûte que coûte.

---

87. https://www.zoobeauval.com/zooparc/liste-des-animaux/elephant-dafrique
88. https://www.bfmtv.com/economie/les-pandas-de-beauval-machine-a-cash-ou-gouffre-financier_AV-202108020186.html
89. *Ibid.*
90. https://www.bfmtv.com/animaux/zoos-le-business-des-pandas_AN-201402240098.html

22.
La tête de l'éléphant

Le troisième mensonge promu par les zoos concerne le mythe de la longévité des animaux en captivité. Ben oui, en captivité, les animaux sont tranquilles. Pas de chasseurs, pas de prédateurs, la belle vie, quoi ! Au fond, tous les animaux sauvages devraient avoir la chance d'être emprisonnés…

En 2020, pour prouver à quel point ce poncif des zoos est une insupportable contre-vérité, j'ai recensé à partir de la base Zim's la totalité des éléphants d'Afrique (plus de 300) et des éléphants d'Asie (plus de 400), plus de 200 rhinocéros blancs et plus de 400 lynx, détenus en captivité en France sur les 50 dernières années. J'ai calculé la moyenne de l'âge qu'ils avaient quand certains spécimens sont morts, et je l'ai comparée à la moyenne de l'espérance de vie de leur espèce dans la nature.

Résultat, en captivité, en moyenne, les éléphants d'Afrique vivent 27 ans contre 56 ans dans la nature. Les éléphants d'Asie vivent 18 ans en captivité et 41 ans dans la nature. Les rhinocéros blancs survivent six ans et demi en captivité – leur longévité naturelle est de cinquante ans. Le lynx vit quatre ans et demi derrière les barreaux contre huit ans sans clôture. Ces chiffres, compilés à partir des déclarations écrites des zoos eux-mêmes, sont d'une violence indiscutable[91].

Le 12 décembre 2008 déjà, une étude publiée par *Science* concluait à peu près aux mêmes résultats[92]. Des chercheurs canadiens y comparaient « l'espérance de vie des éléphants résidant dans des zoos d'Europe avec ceux vivant dans le parc national d'Amboseli au Kenya ou utilisés en Birmanie dans l'industrie forestière. Il en ressort que les sujets restés dans la nature ou travaillant dans un milieu sauvage ont une espérance de vie au moins deux fois supérieure à celle de leurs cousins ».

L'étude démontre que les éléphants d'Afrique vivent 16,9 ans en captivité contre 56 ans dans la nature. Même en prenant en compte la mortalité liée au braconnage, la longévité des animaux libres reste presque deux fois supérieure à celle de leurs congénères captifs, avec une longévité de à 35,9 ans. Il en est de même pour les éléphants d'Asie dont l'espérance de vie captive est de 18, 9 ans contre 41,7 y compris chez les individus de bât.

Et encore, « l'espérance de vie des éléphants en captivité a augmenté »... Conclusion de l'auteur principal du rapport : « Protéger les éléphants en Afrique et en Asie est beaucoup plus efficace que de les protéger dans des zoos occidentaux ».

Certes, on peut arguer que les deux âges ne sont pas comparables : le premier est une moyenne statistique, le second est l'estimation d'un potentiel, qui ne tient pas compte de la réalité du terrain (si des braconniers sévissent, l'âge moyen de mort dans la nature baisse, alors que la durée de vie estimée reste haute). Mais cette objection ressortit de la plus parfaite mauvaise foi. L'espérance de vie dans la nature est une réalité physiologique constatable scientifiquement. L'espérance de vie derrière les

91. https://www.sauvage.bzh/sommaire/?file=Chapitre22/longeviterzoo.pdf
92. https://www.lapresse.ca/sciences/en-vrac/200812/12/01-809939-les-elephants-vivent-plus-vieux-dans-la-nature-que-dans-les-zoos.php

barreaux est une réalité statistique. Dans les deux cas, il s'agit d'estimer combien de temps peut vivre un animal en fonction des conditions auxquelles il est exposé ; et le résultat, fondé sur les déclarations des zoos eux-mêmes, est si criant qu'il devrait conduire à la fermeture immédiate des établissements de présentation d'animaux au public.

En d'autres termes : chers zoos, quand vous prélevez des éléphants dans la nature, vous ne participez pas à la conservation d'une espèce, vous ne sauvez pas des animaux, vous raccourcissez de moitié leur espérance de vie. Vous ne contribuez pas à la conservation du patrimoine génétique mondial, vous le détruisez. Que vous divertissiez des spectateurs est une chose. Si lois et règlementations sont respectées, nul ne peut s'offusquer que vous vendiez des billets, du *fun*, des *goodies*, du pop-corn et des nuitées. Chacun est libre d'être client ou non. En revanche, que vous mentiez à l'opinion publique, c'est autre chose ; et cette « autre chose » n'est pas acceptable.

Car il n'y a pas que les pachydermes ou les félins. Tous les animaux sauvages souffrent de la captivité et en meurent. Ainsi des orques : non, ces animaux ne vivent pas plus vieux parqués dans des aquariums qu'en pleine liberté. Fin 2016, on a appris la mort de Granny, une orque de plus d'un siècle[93]. En captivité, l'espérance de vie de ces animaux ne dépasse pas les cinquante ans et plafonne en général à trente-cinq balais...

*

Devant l'évidence statistique et scientifique, on pourrait penser que les zoos abandonnent l'argument mensonger de la longévité

93. https://www.sciencesetavenir.fr/animaux/animaux-marins/la-plus-vieille-orque-du-monde-en-liberte-est-morte_109468

et convoquent leurs communicants pour qu'ils en fabriquent un autre, biaisé mais moins contestable comptablement. Ce serait les sous-estimer. Pour étayer le mythe mensonger de la longévité, le *lobby* de la captivité a une astuce : il s'appuie sur des cas isolés comme celui de l'éléphant du zoo de Vincennes, qui fait figure d'exception et qui permet de continuer à véhiculer cette idée de la longévité importante en captivité.

Il s'appelait Siam, il était le plus gros éléphant d'Asie détenu en zoo, il a passé les 33 dernières années de sa vie à Vincennes. Victime d'une blessure à une patte avant, blessure directement induite par une détention sur un substrat inapproprié, il a été euthanasié à 52 ans sous prétexte que « sa tête était trop lourde pour ses pattes », a déclaré la vétérinaire en charge de son euthanasie[94].

Cette déclaration illustre au passage l'orgueil des détenteurs d'animaux incapables de se remettre en cause en reconnaissant des conditions de détention détestables et qui s'arrangeront toujours pour faire d'un échec une réussite, en plaidant sa longévité exceptionnelle et son importante descendance (14 jeunes). Seulement, une fois de plus, il suffit de zoomer pour se rendre compte de la réalité de la situation.

Le zoo de Vincennes a détenu huit autres éléphants, tous morts de façon prématurée, entre 0 et 38 ans. Et en ce qui concerne les 14 descendants de Siam, seuls trois sont encore en vie à ce jour. Siam trône désormais dans la grande galerie de l'évolution du Muséum national d'Histoire naturelle de Paris, empaillé, accessible contre le paiement d'un droit d'entrée de 10 €[95]. Même mort, il rapportera encore un peu d'argent, qui servira au financement du gouffre abyssal de 247 millions d'euros que le zoo de Vincennes va coûter aux contribuables, coût engendré par une restauration aberrante et

94. https://www.letemps.ch/societe/exstar-cirque-knie-siam-contemple-desormais-paris-oeil-cristal
95. https://www.sauvage.bzh/sommaire/?dir=Chapitre22/Siam

qui plombe de façon dangereuse le budget de la noble institution zoologique de Buffon.

La réalité est que, de même qu'une hirondelle ne fait pas le printemps, un individu parmi des centaines d'autres ne fait pas une statistique. Sauf exception, en captivité, même soi-disant « bien traité », la longévité d'un animal sauvage est inférieure de moitié à son espérance de vie dans la nature. C'est un fait indiscutable, chiffres à la clef.

*

Alors pour contrer les arguments chiffrés, de plus en plus, les établissements zoologiques se gargarisent d'un déploiement de moyens experts pour tenter de « venir en aide aux espèces en danger ». En fait, tout est une question de sémantique, car ce que les zoos nous font passer pour un succès (naissance par insémination artificielle) est en fait le résultat d'une politique de détention qui est un échec cuisant. Lorsqu'une espèce, comme le rhinocéros et l'éléphant, ne se reproduit pas naturellement, c'est la preuve d'un dysfonctionnement lié en grande partie à la captivité. Procéder à une intervention humaine et réaliser une insémination artificielle sur un éléphant représente peut-être un exploit vétérinaire, mais n'est en aucun cas un gage de réussite.

La taille de l'échec est même à la hauteur des investissements. Au niveau international, une cryobanque pour éléphants a été mise en place afin d'éviter la disparition de cette espèce dans les zoos américains. Les spécialistes estiment qu'une telle disparition pourrait avoir lieu d'ici 40 ans, si rien n'est fait pour enrayer la consanguinité[96].

96. https://www.lepoint.fr/sciences-nature/les-nouvelles-arches-de-noe-16-08-2012-1696525_1924.php

Dans certains cas, la reproduction assistée a des conséquences désastreuses, comme pour ce rhinocéros noir mort à 28 ans (un jeune homme) en 2018 au zoo de Doué-la-Fontaine. Pour les besoins de l'insémination artificielle, il a été anesthésié en vue de collecter son sperme par électroéjaculation[97]. Tuer une espèce pour tenter de la reproduire relève plus de l'échec que de la réussite. « Heureusement », tout comme Siam l'éléphant, Kata-Kata le rhinocéros terminera empaillé pour renforcer la collection du Muséum d'Histoire naturelle de Bordeaux[98].

Ce zoo a déjà fait parler de lui à plusieurs reprises, notamment suite à la mort de deux lionnes tuées par un mâle au cours d'une mise en contact ou de trois guépards, suite à la prise d'une vermifugation inadaptée[99].

A contrario, de très rares établissements, qui font figure d'exceptions, mettent à disposition de leurs pensionnaires des enclos de taille appropriée au point qu'il devient difficile d'arrêter la reproduction.

La taille des installations, mais aussi la cohabitation avec d'autres congénères ou au contraire l'isolement des mâles mis en contact uniquement en période de chaleur, permettent entre autres de se rapprocher des conditions et du mode de vie de l'animal dans la nature, favorisant la reproduction notamment chez les espèces de grande taille. Ainsi, à Cabarceno, au sud de Bilbao en Espagne, un établissement créé dans une ancienne carrière de près de

---

97. https://www.sauvage.bzh/sommaire/?dir=Chapitre22/Katakata
98. https://actu.fr/nouvelle-aquitaine/bordeaux_33063/bordeaux-kata-ka...oir-est-arrive-aujourdhui-museum-dhistoire-naturelle_29461302.html
99. https://actu.fr/pays-de-la-loire/doue-en-anjou_49125/bioparc-doue-_-deux-lionnes-quelques-jours-apres-leur-arrivee-zoo_30305085.html https://france3-regions.franceinfo.fr/pays-de-la-loire/maine-et-loire/maine-loire-deux-femelles-guepards-sont-mortes-au-zoo-doue-fontaine-mai-dernier-1846462.html

700 hectares offre des espaces confortables aux animaux détenus, comme les rhinocéros, les hippopotames ou encore les éléphants. Ils sont logés dans des enclos dont la taille peut faire deux fois le zoo de Beauval.

Ce zoo détient le plus gros troupeau d'éléphants d'Afrique captifs au monde, 18 individus. Il est composé de six mâles et 12 femelles. Sur ces 18 éléphants, 13 sont nés au zoo. Cet établissement met en évidence par effet miroir l'exiguïté de la plupart des établissements français et leur échec en matière de reproduction, qu'ils tentent de camoufler derrière l'écran de fumée de l'insémination artificielle et des banques de sperme.

23.
Un mariage contre-nature

La toute-puissance de l'industrie de la captivité est due pour grande partie à l'absence quasi totale de contradicteurs et de contre-pouvoir. Ce rôle devrait en théorie être joué par le tissu associatif écolo, qui est pourtant, à de rares exceptions près, totalement absent du débat. Mais beaucoup plus grave que cette absence, la proximité presque historique, entre le monde de la protection de la nature et le monde de la détention de la nature, a poussé certains mastodontes du secteur à vendre leur âme au diable. Non pas par machiavélisme, non, simplement par intérêt financier. Comme les associations ne comprennent pas le trafic, les enjeux et les acteurs, elles ne voient en rien les zoos comme un danger, alors pourquoi ne pas collaborer ?

D'ailleurs, cette collaboration, pour ne pas dire ce mélange des genres douteux, ne date pas d'hier. Il suffit de remonter un peu dans le temps pour s'apercevoir que la détention de la faune sauvage et sa protection sont intimement liées, et le sujet est souvent traité de concert par la presse spécialisée de l'époque. La lecture des revues comme *La vie des bêtes* met en évidence le phénomène. À la fois, la revue traitera des animaux en voie de disparition (déjà) et de Jean Richard et de ses lions pourtant détenus et exploités dans un cirque.

Elle affiche même une rubrique de petites annonces incroyables où sont proposés à la vente singes, perroquets, lions et tigres.

Ce mélange des genres a presque servi de base à la construction du monde associatif français, dont certains de ses pionniers sont encore en activité actuellement. En se penchant sur la genèse de la LPO (Ligue pour la Protection des Oiseaux), on comprend que ce mélange des genres est presque une institution. Un des premiers présidents de la LPO est Jean Delacour, qui en assurera la présidence de 1910 à 1968[100]. C'est pourtant un des premiers créateurs de zoo privé, en 1920, époque à laquelle il ouvre le parc de Clères, qui abritait plus de 3000 animaux, tous capturés, importés et présentés au public.

Il alimentera les muséums d'histoire naturelle de Paris, Londres, et New York de milliers d'animaux empaillés, ramenés de ses nombreuses expéditions coloniales. En 1969, Jean Delacour devient le premier président de l'Association Nationale des Parcs et Jardins Zoologiques privés (ANPJZ), l'ancêtre de l'actuel syndicat des zoos français.

Ce mélange ne remet pas en cause les nombreux ouvrages écrits et la connaissance du vivant qu'ils ont permis, il explique simplement que protection des animaux et zoo sont historiquement liés sans que personne ne se pose aujourd'hui la question de la cohérence de ce lien.

Il perdurera longtemps puisque le successeur de Jean Delacour à la tête de la LPO n'est autre que Antoine Reille, fondateur de France Nature Environnement, vice-président du CNPN (Conseil national de la protection de la nature) et administrateur du WWF. Antoine Reille sera également collaborateur de François de La Grange pour l'émission les animaux du monde, dont il devient producteur à la mort de ce dernier au côté de Marlyse de La Grange, sa femme.

100. https://www.sauvage.bzh/sommaire/?dir=Chapitre23/Delacours

François de La Grange a également collaboré à la création du zoo de Branféré au côté de Konrad Lorenz.

Nous sommes à une époque où protection des animaux va de concert avec détention des animaux, donc rien d'étonnant à ce que ce mélange des genres soit ancré dans l'inconscient collectif. Pourtant, l'ensemble des zoos pour lesquels ces pionniers de la protection de la nature ont collaboré étaient savamment alimentés en animaux capturés, dont seuls 5 % arrivaient vivants en France. Ces mêmes importations étaient, à l'occasion, dénoncées par les naturalistes en question.

Le problème, c'est que ce mélange des genres perdure encore aujourd'hui sans aucune remise en cause. À l'heure actuelle, la LPO et le zoo de Beauval se félicitent que ce dernier soit devenu un des plus grands refuges LPO de France[101], après le zoo de Doué, le zoo de la Barben, le safari de Paugre, le zoo des Sables-d'Olonne[102] et tant d'autres à venir. Pourtant, une position officielle de la LPO par rapport aux zoos[103] fixe une liste de conditions pour envisager une collaboration, et notamment : « Toute infraction à la règlementation existante (qualité des infrastructures et des conditions de détention/ présentation des animaux, absence de tout prélèvement d'animaux dans la nature etc.) rendrait toute perspective de partenariat futur inenvisageable, et tout partenariat en court caduque ».

La collaboration entre la LPO et ces zoos fait fi de ces principes et se trouve en totale contradiction avec l'éthique de cette dernière, preuve de la grande force de persuasion des zoos sans doute due à leur histoire commune.

101. https://actus.zoobeauval.com/article/beauval-refuge-lpo/
102. https://www.sauvage.bzh/sommaire/?dir=Chapitre23/LPOZOO
103. https://www.sauvage.bzh/sommaire/?file=Chapitre23/position-LPOZOO.pdf

Quand on apprend à lire entre les lignes, on s'aperçoit que le zoo de Beauval s'est engagé à financer des programmes de conservation menés par le LPO, ce qui pose la question du désintéressement d'une telle décision.

L'actuel directeur de la station zoologique de l'Île Grande, le centre de soins phare de la LPO, est également en lien avec ce monde de la captivité puisqu'ancien directeur du zoo de Lille, et s'est investi auprès de l'EAZA, le syndicat des zoos européens[104].

Il devient, dans ces conditions, impossible de mobiliser la LPO, FNE et consorts dans le cadre d'actions contre la déréglementation favorisant le trafic, dans la mesure où, même expliquées de façon didactique, les conséquences de l'assouplissement de la loi ne sont pas perçues comme un danger puisque les zoos sont des alliés et plus des ennemis.

Le phénomène est tel qu'Allain Bougrain Dubourg, actuel président de la LPO, était jusqu'à sa réouverture en 2014 vice-président du Comité de rénovation du zoo de Vincennes. Il est encore conseiller auprès d'Océanopolis, et administrateur du Muséum national d'Histoire naturelle[105], propriétaire de la ménagerie du jardin des Plantes, dont l'existence et les conditions de détention sont en totale contradiction avec la réglementation et le principe de bien-être animal.

La LPO, qui figure d'ailleurs au nombre des partenaires de la pompeuse Académie de Fauconnerie du Puy du Fou ou de l'ANFA (Association Nationale des Fauconniers et Autoursiers de France) des dresseurs de rapaces, dont l'activité par principe devrait être de nature à tenir à distance les associations de protection des oiseaux. L'ANFA compte également parmi ses partenaires l'UFCS ou pire l'OFB censé les contrôler[106].

---

104. https://www.sauvage.bzh/sommaire/?file=Chapitre23/CVRMLPO.pdf
105. https://www.sauvage.bzh/sommaire/?file=Chapitre23/PortraitABD.pdf
106. https://www.fauconnerie-francaise.com/nos-actions-de-protection/ https://www.sauvage.bzh/sommaire/?file=Chapitre23/IMG3196AFPDF.jpg

Rien d'étonnant dans ces conditions que les associations de protection de la nature ne s'offusquent pas de l'utilisation commerciale des animaux, qui viennent parfois même de leur propre centre de soins puisque le prétexte de leur conservation sera érigé en argument implacable et que, pour les zoos, la collaboration avec ces associations les met à l'abri de tout recours.

C'est au nom de ce même mélange des genres, qu'en 2004, la Fondation Nicolas Hulot ouvre au zoo de Branféré son école pour la nature. Apprendre à protéger l'environnement en proposant la visite d'une prison pour animaux... décidément, le mélange des genres et le conflit d'intérêts ont de beaux jours devant eux.

La conjonction du facteur fraude et technique de fraude avec les manques de moyens et de connaissances des autorités de contrôle, la corruption de certains fonctionnaires et l'incapacité du monde associatif à exercer un contre-pouvoir permettent un trafic florissant dont tout le monde semble se satisfaire.

24.
Animaux saisis : le hold-up de l'industrie de la captivité

La prise en charge des animaux victimes de trafic est une priorité si l'on veut mettre fin à une partie du trafic de la faune et tenter d'en compenser l'impact par des opérations de réensauvagement. Le sujet a orienté l'ensemble de ma carrière et j'en connais aujourd'hui tous les acteurs ou presque. J'ai vu naître la quasi-totalité des structures qui, sous prétexte d'accueil d'animaux saisis, ont créé des zoos sans que l'intérêt de l'animal n'ait jamais été la priorité dans leur initiative. J'ai surtout été le premier, dès les années 1990, à mettre très clairement le problème des animaux saisis sur la table.

Le flou entretenu par le ministre sur le sujet a permis la création d'établissements plus ou moins bancals, dont certains ont d'ailleurs mis la clef sous la porte pour manque de moyens. La plupart de ces établissements sont encore aujourd'hui illégaux, ont ouvert illégalement, ou fonctionnent illégalement au sens de la réglementation nationale ou internationale, sans qu'aucune administration n'intervienne. L'impossibilité de prise en charge par l'État des animaux saisis, surtout en grand nombre, met à l'abri ces établissements d'une intervention administrative ou judiciaire. Pour peu qu'une célébrité ait été nommée président d'honneur, et le peu de courage qui reste à l'administration disparaît à la simple évocation de son nom.

En trente-cinq années de carrière dans ce secteur d'activité, j'ai compris depuis bien longtemps que la prise en charge d'animaux saisis est un business lucratif, chasse gardée de quelques-uns, qui permet de faire vivre médiatiquement deux ou trois fondations de protection des animaux, de satisfaire administrativement les acteurs du domaine, et d'enrichir les zoos au nom du « bien-être et de la protection animale ». Pourtant, en droit français, un animal saisi est dit « sous main de justice ». À ce titre, il est une pièce à conviction dont l'article 706-145 du Code de procédure pénale « interdit toute autre utilisation » que la recherche de la vérité dans le cadre de l'enquête. Un animal sous main de justice reste la propriété de l'auteur de l'infraction, qui est donc responsable de son entretien et de sa conservation. Il en supporte la charge financière, y compris quand les animaux saisis sont confiés à un tiers.

De facto, toute vente ou exposition au public, sous quelque prétexte que ce soit, est donc interdite sur un animal saisi, et constitue une utilisation illégale et un détournement de pièce à conviction punis, par ce même Code de procédure pénale, de trois ans d'emprisonnement et de 375 000 euros d'amende.

Ce n'est qu'une fois que la décision de justice est rendue que la confiscation peut intervenir, transférant la propriété de la « chose saisie » à l'État. L'article 131-21-1 précise que les animaux confisqués sont confiés à une fondation ou à une association de protection animale reconnue d'utilité publique ou déclarée. Dans l'esprit du texte, il ne peut donc pas y avoir d'exploitation commerciale des animaux confisqués, et pourtant.

En France, et depuis de nombreuses années, tout est fait pour que les animaux saisis soient orientés quasi systématiquement dans des zoos, négligeant au passage le Code de procédure pénale et le contexte réglementaire, mettant en péril chaque procédure si les acteurs incriminés venaient à déposer un recours en annulation. Et le plus scandaleux dans cette organisation commerciale créée autour des animaux saisis, c'est que certains acteurs sont des fondations ou des associations de protection des animaux dont plusieurs se sont même fait une « spécialité » de la gestion de cette catégorie de pensionnaires.

Obsédées par l'envie d'intervenir en cas de saisie, mais incapables de le faire sans les cages des zoos, ces fondations sont prêtes à toutes les concessions s'asseyant allègrement au passage sur les conséquences de leurs actions alimentant de fait le *business* florissant de la filière « animaux saisis ». Ce *business* est basé sur une union contre nature qui pousse ces fondations à financer les zoos lorsqu'ils mettent en place des « installations spéciales pour animaux saisis », qui termineront tous derrière les barreaux de leur sauveteur. Ainsi elles cofinancent, entre autres, des établissements tous aussi discutables les uns que les autres, en tout cas dans la destination finale qui est réservée aux animaux concernés.

C'est une véritable organisation schizophrénique qui s'est mise en place. L'accueil d'animaux saisis est organisé par des fondations de protection des animaux qui se reposent exclusivement sur ceux qui les exploitent, les achètent et les vendent en violation totale avec la législation française et européenne. Car la CITES (applicable en Europe au travers du règlement européen) est très claire sur le sujet : seules les espèces nées en captivité de parents légaux peuvent être commercialisées. Ces espèces bénéficient de ce qu'on appelle la source C, qui autorise leur commerce. Aucune autre source ne peut être commercialisée.

C'est ce même règlement qui dresse la liste des activités commerciales parmi lesquelles se trouve la présentation d'animaux au public. La CITES considère donc, contrairement à ce que certains fonctionnaires français affirment au ministère de l'Écologie, que la présentation d'animaux au public est bel et bien une activité commerciale qui doit répondre aux mêmes règles que n'importe quelle autre[107].

Un animal confisqué ou sa descendance ne devrait donc jamais pouvoir bénéficier des autorisations permettant son exploitation commerciale.

Mais l'administration française a accordé un sauf-conduit aux zoos, s'assurant ainsi qu'ils acceptent de prendre en charge les animaux saisis en contrepartie d'avoir le droit de les exploiter commercialement. Ce sauf-conduit permet que les contrôles puissent avoir lieu, justifiant aux yeux de la CITES que la France remplit ses obligations en la matière, faisant du même coup des zoos les destinataires exclusifs puisque seuls à avoir le droit d'exploiter commercialement des animaux interdits de commerce. C'est vicieux, mais terriblement efficace.

Dans ce contexte, il règne dans le domaine des animaux saisis un chaos incroyable, dépourvu de centralisation de l'information, où les animaux sont confiés aux établissements en fonction non pas des compétences des structures, de leur adaptation ou de leur philosophie, mais des petits arrangements locaux entre les exploitants et certaines administrations de contrôle. Rajoutez à cela la notoriété, injustement acquise, de certaines fondations positionnées en intermédiaires à titre de spécialistes, et le tour est joué. L'animal n'est jamais traité comme un trésor de biodiversité à restituer à son état d'origine, mais comme une valeur marchande qui doit terminer coûte que coûte dans les volières d'éleveurs privés ou de grandes collections zoologiques.

Ce phénomène est accentué par la complexité liée à une intervention de saisie, qui incite parfois les agents de contrôle à ne pas

107. https://www.sauvage.bzh/sommaire/?file=Chapitre24/RCEE33897.pdf

se poser de questions et à confier les animaux à des fondations peu regardantes sur le devenir des animaux, mais qui au moins assurent la prestation « complète ».

Ce *business* des animaux saisis donne lieu à des batailles d'intérêts orchestrées pendant des années par l'administration ministérielle, refusant la création de structures spécifiques laissant la place à l'anarchie et au bricolage, au regard duquel les zoos passent pour des sauveteurs professionnels. Ce chaos permet également de se mettre à l'abri de toute revendication associative à l'encontre du ministère, les acteurs du domaine étant trop occupés à protéger leurs territoires et intérêts personnels et à se faire la guerre pour « la cause ».

D'année en année, avec la fermeture du marché international, et la difficulté de s'approvisionner en animaux, l'accueil des saisis devient un enjeu important qui permet aux zoos de faire rentrer des espèces parfois très rares dans leur collection et de les compléter en remplacement des morts, sans aucuns frais ou presque.

La récente faillite du zoo du Val d'Hérault a confirmé au grand jour le phénomène par la décomplexion avec laquelle la Fondation 30 Millions d'Amis avoue au travers de son representant devant les caméras que les animaux les plus rares iront évidemment au zoo de Beauval[108].

Quand l'information de sa liquidation circule, je prends l'attache immédiatement avec Arnold L., le « spécialiste » de la Fondation 30 Millions d'Amis, à qui j'envoie un long mail pour lui expliquer à quel point dans ce zoo, il y a des espèces dont la rareté mérite un retour dans leur pays d'origine *a minima*, et en tout cas que ces oiseaux soient traités à la hauteur de leur statut de conservation[109].

---

108. https://www.dailymotion.com/video/x3k0y96
109. https://www.sauvage.bzh/sommaire/?file=Chapitre24/Mail30million.pdf

En guise de réponse, Arnold L. me dit « avoir géré avec Beauval et que c'est plus simple comme ça ». Les oiseaux ont donc été envoyés dans ce zoo, qui en a profité pour enrichir sa collection avec des animaux qui ont perdu tout espoir de retrouver un jour leur patrie d'origine et dont certains sont évidemment déjà morts. Cette opération donnera en plus l'occasion au zoo de Beauval d'orchestrer une belle communication et de se faire passer pour un sauveteur d'animaux[110].

Les fondations, n'étant pas gestionnaires d'établissements, elles ne sont pas en mesure de se porter garantes de l'avenir des animaux dont elles se sont vu confier la garde, mais peuvent facilement et sans contrainte les prendre en charge, n'ayant pas à faire ce qui est le plus dur, en assurer l'entretien et la gestion au quotidien.

Personne ne sait vraiment pourquoi ces fondations, dont la spécialité initiale est l'animal domestique, se voient confier des animaux aussi rares alors que pas un seul de ses membres n'est titulaire d'un certificat de capacité, qu'il ne gère aucune structure, et que la compétence, au vu des nombreux documents et vidéos disponibles sur le net quant à la manipulation et à la contention des animaux sauvages, laisse largement à désirer.

La communication a ce pouvoir incroyable qu'elle a réussi à faire en sorte que dans les tribunaux de France, on pense que ces fondations sont expertes en gestion d'animaux sauvages saisis. La Fondation 30 Millions d'Amis, notamment, est devenue le transporteur presque exclusif de l'AFdPZ, lui fournissant dès que l'occasion se fait sentir des animaux qui seront exploités commercialement.

110. https://www.lanouvellerepublique.fr/loir-et-cher/commune/saint-aignan/deux-cent-vingt-oiseaux-sauves-au-zoo-de-beauval

Sur le territoire national, quatre opérateurs se partagent le « gâteau » des animaux saisis. Le Refuge de l'Arche, Tonga Terre d'Accueil, La Tanière-zoo refuge et Elephant Haven.

L'ensemble de ces opérateurs est directement et intrinsèquement lié à l'industrie de la captivité, même s'ils se sont autoproclamés « refuges ».

Le refuge de l'Arche, situé en Mayenne, est typique de ces dérives. Christian Huchedé, son fondateur, était un employé de la commune de Château-Gontier et dont la bonne foi ne fait aucun doute. Au début, il se voit confier des animaux sauvages de la faune européenne, puis on lui propose d'accueillir des primates et des félins de petite taille. Petit à petit, son « refuge » se structure. Il affiche comme mission de recueillir et soigner les « animaux saisis par les autorités », dont il postule, par principe et selon ses propres termes, qu'ils sont « trop imprégnés de l'homme et ne peuvent être relâchés dans la nature ». Le refuge s'est donc mué en zoo présentant « près d'un millier de pensionnaires de cent vingt espèces différentes » contre une quinzaine d'euros en 2025. Moyennant quoi, les animaux qui y entrent y meurent, quel que soit leur statut de conservation.

Tonga Terre d'Accueil, quant à lui, ne fait pas de présentations au public, faisant de l'établissement une structure plus respectueuse de la réglementation. Pour autant, il infiltre la quasi-totalité de ses pensionnaires dans des zoos, ce qui pose la question de la légalité et de l'éthique, directement inféodé au zoo de Saint-Martin-la-Plaine qui en est l'investigateur. De façon totalement sporadique, quelques individus sont envoyés en Afrique du Sud, dans des sanctuaires. Les décisions de sanctuariser ou de conserver en captivité cette faune saisie ou abandonnée n'est que rarement soumise à de vrais spécialistes de la réintroduction, mais, comme bien souvent, confiée à ceux qui ont intérêt à garder les animaux en captivité.

Elephant Haven est un sanctuaire situé dans le Limousin. Il se veut maison de retraite pour éléphants. Créé sur le dogme « un animal captif ne peut retourner à la nature », les animaux accueillis seront condamnés à finir leurs jours captifs et présentés au public, en tout cas dans la version initiale du projet.

Dernier-né du quatuor, La Tanière-zoo refuge est comme le refuge de l'Arche, un zoo qui présente au public des animaux saisis ou abandonnés et répond de fait à la même logique commerciale. Il a été créé uniquement pour cela, jouant sur le fait que le public est plus enclin à venir voir un refuge qu'un zoo. Gérée par une SAS, La Tanière a été créée par un homme d'affaires qui surfe sur le *business* de l'animal saisi ou abandonné.

Une autorisation d'ouverture est délivrée en janvier 2018. Pourtant, La Tanière obtient de façon suspecte, un an plus tôt, une dérogation pour détenir des ours et des otaries dans des conditions non conformes avec leurs exigences biologiques... où les otaries sont détenues dans une piscine hors-sol de jardin[111], et les ours régulièrement baladés en laisse[112].

Entre arrosages au champagne des ours et la télévision à disposition des singes, la gestion des animaux en mode circassien permet de développer une communication agressive via une série télévisée sur C8, dont les images devraient faire bondir n'importe quel spécialiste de la faune sauvage.

La Tanière sera directement impactée par la crise du Covid, qui met en évidence au passage la dépendance commerciale de l'établissement, et perdra, à peine un an après son ouverture, sa capacitaire, et dont les rumeurs racontent que n'ayant pas été payée depuis de longs mois, elle préfère se retirer. La perte de la capacitaire rend l'exploitation de l'établissement illégale. Pourtant,

111. https://www.sauvage.bzh/sommaire/?dir=Chapitre24/Otarie
112. https://www.sauvage.bzh/sommaire/?file=Chapitre24/Ourslaisse.jpeg

le *lobbying* fait par le fondateur, et les services de l'OFB qui le porte, a permis d'obtenir une visite de la ministre de l'Écologie, Barbara Pompili[113], accompagnée de plus de 300 000 euros de subvention[114]. Pour que la boucle soit bouclée, c'est Sébastien M. qui devient nouveau capacitaire de La Tanière.

La presque totalité de ces établissements est cofinancée par la Fondation Bardot, la Fondation 30 Millions d'Amis et One Voice. Alors que tous ont pour objet de lutter contre l'exploitation animale, leur marchandisation et leur trafic. Leurs besoins existentiels sur la scène médiatique n'auraient-ils pas supplanté largement leur objectif et leur philosophie à l'origine fort louables ?

L'exploitation commerciale des animaux saisis est d'autant plus scandaleuse que la réglementation, d'ordinaire tarabiscotée, est, pour une fois, on ne peut plus claire :

> « Un refuge ou sanctuaire pour animaux sauvages captifs est un établissement à but non lucratif accueillant des animaux d'espèces non domestiques, captifs ou ayant été captifs, ayant fait l'objet d'un acte de saisie ou de confiscation, trouvés abandonnés ou placés volontairement par leur propriétaire qui a souhaité s'en dessaisir.
>
> Toute activité de vente, d'achat, de location ou de reproduction d'animaux est interdite.
>
> La présentation des animaux sous forme de spectacles et tout contact direct entre le public et les animaux à l'initiative du visiteur ou du personnel du refuge ou du sanctuaire y sont également interdits ».

Un refuge qui présente des animaux au public n'est plus un refuge, c'est un zoo. Retour à la case départ et aux chapitres précédents !

113. https://www.ecologie.gouv.fr/barbara-pompili-et-marc-fesneau-visiteront-zoo-refuge-taniere-en-eure-et-loir-vendredi-5-mars-2021
114. https://www.bfmtv.com/societe/ferme-a-cause-du-covid-19-le-zoo-r...-se-bat-pour-sa-survie-et-appelle-aux-dons_AN-202103160276.html

*

Le nœud du problème n'est pas même éthique ou écologique : il est juridique. La loi est ou devrait être le seul rempart efficace contre le trafic. Et au-delà du contexte juridique, il y a les aspects de conservation qui devraient pousser l'ensemble des acteurs (autorités, associations, refuges, États d'origine) à se positionner de façon désintéressée quant à l'avenir des animaux saisis. En fonction de leur provenance, de leur génétique, de leur rareté, ils n'ont évidemment pas la même valeur patrimoniale et, en aucun cas, ne peuvent être gérés comme des animaux domestiques.

C'est pourquoi, quand un animal sauvage est recueilli, le premier élément à définir est son statut. De lui va dépendre son sort. Par exemple, si une autorité procède à la saisie d'un kangourou, d'un écureuil de Corée ou d'une perruche à collier, sa valeur patrimoniale est beaucoup moins importante que celle d'un tigre, d'un ara rubrogenys ou d'un gibbon. Ces animaux méritent d'être intégrés à un vrai programme de reproduction en captivité puis réintroduits dans la nature.

Mais, comme la doctrine serinée par les professionnels de la filière captive, c'est : « un animal saisi ne peut pas retourner dans la nature », forcément la question ne se pose même pas. Ce qui me met le plus en colère dans cette rumeur populaire, c'est qu'elle n'est fondée sur aucun élément objectif, technique ou scientifique, elle est juste un bruit de couloir distillé en permanence et à qui veut l'entendre. Au point que toute personne qui dirait le contraire, avec des arguments, des éléments de preuve et un rien d'expérience passe systématiquement pour un demeuré.

*

Chacune de mes interventions dans le domaine de la gestion des animaux saisis, dont certaines fort médiatisées, a fini par mettre un gros coup de projecteur sur le sujet au point que plus personne ne peut aujourd'hui nier qu'il y a un vrai problème de placement. Qu'à cela ne tienne, on va le gérer, mais à notre sauce. En guise de nouvelle farce, le ministère, profitant de la « Révision du plan d'action de l'UE contre le trafic des espèces sauvages », a créé la SAASS, Services d'assistance aux animaux sauvages saisis, et devinez qui se retrouve à la tête de la gestion de ce service ? L'AFdPZ. Dois-je vraiment commenter ?[115] L'objet de ce service, comme le présente la plaquette « s'inscrit dans l'objectif 14 du plan d'action de l'Union européenne (révisé en 2022) contre le trafic des espèces sauvages, qui vise à améliorer l'accès aux soins des spécimens saisis ou confisqués ». La plaquette en question n'est qu'une apologie de la captivité et de l'élevage, et ne parle pas de retour à la nature alors que le fameux objectif 14 est très clair sur le sujet, il prévoit d'« intensifier les efforts, le cas échéant, pour réintroduire efficacement dans la nature les spécimens vivants saisis »[116]

La réalité, c'est que le mastodonte de la présentation d'animaux au public est désormais en mesure de redistribuer les spécimens saisis chez ses collègues, selon les accointances des uns et des autres. Confier à un zoo la gestion des animaux saisis par la justice, c'est comme se soucier de la condition des bovins et décider, comme le chante Anne Sylvestre dans *La vache engagée*, de réunir un congrès sur la condition des vaches et d'en confier la présidence au boucher.

115. https://actus.zoobeauval.com/afdpz-missionnee-lutte-contre-trafic-especes-sauvages/#:~:text=Créée%20en%201969%2C%20l'AFdPZ,'éthique%20de%20l'Association. https://www.sauvage.bzh/sommaire/?file=Chapitre24/Présentation_SAASS_19.03.25.pdf

116. https://www.sauvage.bzh/sommaire/?file=Chapitre24/PlandactionCEE.pdf

Cette fois-ci, et si quelqu'un avait encore un doute, la preuve est faite que les agents du ministère viennent de vendre la faune sauvage en général et saisie en particulier à l'industrie de la captivité sans qu'une association, une fondation ou même un politique ne lève le petit doigt. La soumission de l'État au diktat de Beauval est un scandale. Trente ans de combat pour une protection de la faune sauvage indépendante des parcs zoologiques sont plus que remis en cause par cette association contre-nature, qui témoigne de la complicité entre *lobbyistes* et hauts fonctionnaires chargés de l'Environnement. Cette victoire des zoos est évidemment une défaite pour les animaux, mais aussi pour ceux qui, comme moi, se sont échinés à dénoncer des pratiques coupables et à construire des alternatives indépendantes qui ont incité les trafiquants à s'organiser pour récupérer l'apport d'animaux saisis, dont ils tirent un profit conséquent. Là encore, pas question de céder au découragement : la colère doit alimenter notre capacité à agir positivement pour enrayer le massacre !

25.
Rewild, une grande première mondiale

Lutter encore, et surtout quand tout semble perdu, voilà une attitude à laquelle j'ai l'impression de m'être toujours cramponné. Pas parce que je suis héroïque, non, c'est pire : parce que je suis têtu. Ne racontons pas d'histoires, j'ai eu des passages à vide, la tête dans le seau, le moral dans les chaussettes. J'ai connu des découragements ; j'ai senti dans mes veines circuler le poison de l'à-quoi-bon ; j'ai eu les idées grises de celui qui a l'impression de se battre contre des moulins à vent sans avoir la folie de Don Quichotte pour l'aider. Néanmoins, je crois que ces moments de *blues* ont toujours nourri ma volonté de retourner dans l'arène. Encore une fois, je ne dis pas cela en bombant le torse, ou pour me peindre en Superman. Je serais plutôt le matou qui revient le lendemain matin alors que, tous les soirs, on le croit mort ! Mais j'ai trop conscience de l'importance de la faune sauvage, de la biodiversité, de l'équilibre des écosystèmes pour m'accorder le droit de baisser les bras et de ne plus jamais essayer de les relever.

Ainsi, en 2018, quand il est évident que le Biome ne se fera pas, que les chasseurs landais ont bousillé sept ans de travail, quand l'une des plus grosses opérations de conservation de ces vingt dernières années s'effondre alors que nous touchions au but, je persiste.

En l'espèce, je continue mon travail d'expertise, mais en catimini puisqu'il semble que je sois devenu *persona non grata*. Chaque fois que je contribue à faire saisir des animaux, c'est un crève-cœur, car, au fond, je bosse bénévolement pour enrichir les collections des zoos. C'est alors que j'ai l'idée de proposer à plusieurs structures associatives investies dans la cause de se retrouver pour débattre du devenir des animaux saisis. Je provoque donc une réunion à Bordeaux, dans les locaux de Darwin écosystème avec, notamment :

- One Voice ;
- Sea Shepherd ;
- Hisa et son acronyme pas évident (Human Initiative to Save Animals) ;
- l'association Le Biome, bien sûr ;
- le centre Athénas ;
- Wildlife Angel ;
- et Darwin écosystème, notre hôte.

Le jour J, pendant cinq heures, je résume à mes interlocuteurs ce que j'ai appris sur le trafic d'animaux sauvages ; je pointe la limite des différentes formes de lutte contre la gestion par les zoos des animaux saisis ; et je propose de créer un groupe pour mettre sur pied et gérer un centre spécialisé dans le domaine. Chacun aurait sa spécificité : les enquêtes, les interventions, les saisies, la gestion des animaux et de leur retour à la nature, la communication, l'organisation d'événements et de symposiums, la mobilisation, etc. Six mois plus tard, nouvelle réunion, cette fois à Paris. Nous finalisons la création d'un rassemblement d'associations qui prend le nom de Rewild et vise à ouvrir une structure d'accueil pour animaux saisis. D'après nos estimations, l'affaire devrait mettre deux à cinq ans pour se concrétiser, et nécessiter une levée de fonds comprise entre sept et dix millions d'euros.

Les chiffres peuvent sembler colossaux pour le Biome, que je représente, ou le centre Athénas. En revanche, pour certains de nos partenaires qui brassent beaucoup d'argent et savent sensibiliser leur public, ils n'ont rien de monstrueux, d'autant que le projet est susceptible de titiller la corde sensible des internautes, donc de susciter des dons, à condition de créer du contenu afin d'expliquer l'urgence et la nécessité du projet. Je m'attelle à écrire les statuts de notre coalition et à donner de l'allant au concept. C'est dans ce contexte que, quelques mois plus tard, une rumeur me parvient aux oreilles : dans le Morbihan, le zoo de Pont-Scorff serait à vendre. Je connais bien l'endroit pour y être intervenu à de nombreuses reprises dans le cadre d'expertises et de formations. Je contacte donc l'ancienne propriétaire du zoo, fille du fondateur, qui possède toujours les terrains, mais n'est plus responsable de la SARL. Elle me donne les coordonnées de Sauveur F., le propriétaire actuel. L'idée est doublement savoureuse : que des écolos rachètent un zoo et qu'ils le transforment en sanctuaire visant à réensauvager les animaux qui lui seront confiés ! Partir d'une structure existante plutôt que de zéro nous ferait économiser énormément de temps et d'argent. Je soumets l'idée au collectif. Il est emballé.

En conséquence, je prends l'attache de Sauveur F., le propriétaire, afin d'entamer les négociations. Le personnage est particulier. Pédopsychiatre de renom, expert judiciaire de son état, il est aussi patron d'un petit groupe familial d'établissements de santé. Bien qu'il m'ait affirmé que la rumeur est infondée et que son zoo morbihannais n'est pas à vendre, il accepte de me recevoir dans son château de Saint-Genest-de-Contest, dans le Tarn, car l'histoire que je lui ai esquissée l'intrigue.

*

Quand j'arrive au château, à quatre cents bornes de chez moi, j'ai l'impression de découvrir une propriété fantôme ! Le portail en fer forgé, de guingois, est quasi dégondé. Dans le jardin, des kangourous et des émeus se baladent au milieu d'épaves de voitures. Il faut préciser que, en sus de Pont-Scorff, Sauveur F. possède le zoo des 3 Vallées à Montredon-Labessonnié. S'il revendique de « ne pas aimer particulièrement » ces établissements, il y voit néanmoins « la meilleure façon d'intervenir de manière immédiate à la conservation des espèces ».

Intrigué par le château, je lui demande de me conter l'histoire du lieu, qui est à peu près aussi sordide que le décor. Ancien établissement dédié à l'accueil d'enfants en difficulté, l'endroit fut le théâtre de violences et d'actes de pédophilie engendrant sa fermeture. C'est dans ce cadre que Sauveur (le nom est évocateur) rachète le site.

Il assume être incompétent dans la gestion technique de ses parcs, pour lesquels il dit être devenu propriétaire presque par accident. Intellectuellement, il m'apparaît d'emblée honnête et posé.

Notre entretien dure la bagatelle de sept heures. Après que je lui ai présenté mon projet, il me montre son zoo, un mouroir infâme édifié sous la houlette de Sébastien M. (encore lui). Les installations témoignent, s'il en était besoin, de la méconnaissance totale tant de la réglementation que des besoins élémentaires des animaux par le soi-disant expert que nous avons eu l'occasion d'évoquer.

La visite est pour lui l'occasion de me raconter son histoire avec les zoos et l'occasion de croiser les informations que nous possédons tous les deux sur Sébastien M., son ancien employé, et David D. l'agent de la DREAL Occitanie dont nous avons déjà parlé. C'est à ce moment que Sauveur me transmet l'ensemble des documents mettant en évidence le coup monté par David D. pour l'obtention de façon indue du certificat de capacité de Sébastien M., décidément le monde est petit.

La visite sera ponctuée de la présentation du projet Rewild, entrecoupée des anecdotes de Sauveur sur son zoo. Il se révèle captivé par ce que je lui raconte et séduit par l'idée de transformer un centre de détention en centre d'accueil pour animaux saisis. Au cours du dîner auquel il me convie, il m'interroge :

— Comment allez-vous financer l'acquisition ?

— Avec une cagnotte lancée sur Internet.

— Vous y croyez, vous ?

— Si je n'y croyais pas, je ne serais pas là avec vous.

Il réfléchit, marque des pauses, se lève, se rassoit et me lâche : « Vous avez raison, Scorff [c'est ainsi qu'il appelait Pont-Scorff] est pour vous ! »

Il aime le projet, il aime même le fait que cette ambition soit portée par une coalition d'associations impécunieuses, mais dans les *starting-blocks* pour lancer une collecte de fonds via Internet. Je crois qu'il trouve ça aussi fou, et j'aime à imaginer que c'est ce qu'il l'a réellement séduit. Nous nous séparons donc sur un accord de principe, qui sera ensuite peaufiné et formalisé lors de rencontres à Paris avec des avocats.

Le 18 décembre, nous nous donnons rendez-vous à Lorient pour la signature de l'acquisition. Lorane du centre Athénas, Perrine de Hisa, toutes deux récemment nommées coprésidentes de la coalition Rewild, signent officiellement l'achat de la SCI Fi-zoo, elle-même propriétaire de la SARL Bretagne zoo à 70 %. La signature se fait après trois heures de lecture d'actes et, bien sûr, le paiement de 200 000 euros avancés par Sea Shepherd. Cette somme est en fait une avance sur le remboursement des investissements que Sauveur F. a injectés dans la société, car en fait le zoo, aussi incroyable que ce soit, on l'achète pour l'euro symbolique.

Il est 21 h quand nous quittons l'office notarial, sous un crachin bien breton. Cette fois-ci, c'est fait, nous sommes propriétaires du zoo de Pont-Scorff, putain on l'a fait !

26.
La priorité des panthères

En amont de la signature, nous avions présenté le projet de rachat du zoo à Hugo Clément, rencontré à l'occasion d'un lâcher de lynx organisé par le centre Athénas dans le Jura.

Pendant que nous déjeunons, j'explique à Hugo qu'il faudrait lancer une cagnotte. Il maîtrise le sujet puisque quelques semaines plus tôt, il a sollicité son public pour financer la transformation d'une réserve de chasse en réserve tout court. Bilan : environ 300 000 euros récoltés. Le montant obtenu lui a paru exceptionnel... jusqu'à ce que je lui explique que notre projet va rencontrer un succès fou et que, en conséquence, nous devons plutôt viser un million d'euros. C'est peu dire qu'il est sceptique : « 500 000, déjà, ce serait beau ! » nous lance-t-il, pas du tout convaincu.

Il est l'homme de l'art en matière de réseaux sociaux et de communication, mais je suis l'homme de projet, et pour avoir déjà collecté des sommes supérieures à 3 millions d'euros, je sens, je suis sûr, je sais que ça marchera. Néanmoins, je sais aussi reconnaître mes limites. Clairement, les réseaux sociaux, la com' digitale, les codes du *crowdfunding*, ce n'est pas mon truc. J'ai mes petites idées, parfois, mais je me doute que d'autres ont beaucoup plus d'expérience que moi dans le domaine. C'est donc une cagnotte de 500 000 euros qui sera lancée.

Nous convenons d'engager notre opération un peu avant Noël. Nous échangeons avec la production d'Hugo et avec GoFundMe, la plateforme que nous avons choisie pour notre campagne de financement participatif. Un tournage est discrètement organisé à Pont-Scorff pour faire les images nécessaires à la vidéo de lancement confiée à l'équipe d'Hugo. La vidéo m'est transmise trois jours avant la date de publication, autant dire que les délais sont courts. Au visionnage de celle-ci, je bondis. La vidéo est 100 % anti-zoo et à côté du message que nous voulons faire passer. Le ton, les images, le message rien ne va. Pas un mot sur le projet, sur la nécessité de réensauvager, juste une longue complainte sur la misère des animaux captifs et surtout un appel à acheter un zoo pour libérer ses pensionnaires.

Être anti-zoo, on a bien compris que ça ne me choquait pas; sauf que, en l'espèce, nous sommes de tout petits poucets face à des ogres. Il faut la jouer stratégique. Si on diffuse un clip qui défonce l'industrie de la captivité, on va peut-être récolter un max d'oseille, d'accord. Mais, ce sera une victoire à la Pyrrhus, car, à moyen terme, on va surtout se retrouver avec la totalité des établissements sur le dos, et ils ont le bras long. Et surtout le projet, ce n'est pas ça.

L'objectif que nous poursuivons, c'est d'expliquer que nous allons racheter un zoo et le transformer en centre d'accueil, avec pour projet le réensauvagement au lieu de la taule à vie. Notre coalition n'a pas vocation à s'attaquer à l'industrie de la détention animale en tant que telle. Si elle permet indirectement aux millions de clients des parcs et autres safaris de prendre conscience de ce qui sous-tend cette exploitation en termes de biodiversité, de bien-être animal, et pourquoi pas, d'éthique humaine, tant mieux, mais ne nous trompons pas de finalité…

Me voici donc embringué dans des débats assez bizarres où les rôles sont inversés : Hugo essaie de m'expliquer qu'il faut aller à la baston et cogner fort; et moi qui suis du genre à y aller frontalement, je l'incite à changer son fusil d'épaule et à y aller mollo sur la gâchette. J'ai mon mot à dire à la fois comme instigateur de l'aventure et comme professionnel qui a pas mal roulé sa bosse dans les activités ayant trait à la faune sauvage. Par conséquent, autant l'art de faire du buzz sur Facebook m'est étranger, et je veux bien que des spécialistes prennent le *lead* sur ces sujets; autant le *lobby* des zoos et les syndicats de la captivité, je les connais bien, eux et leur pouvoir de nuisance. Et j'estime que, pour un projet aussi important, il est inutile, voire dangereux de se fabriquer des adversaires considérables, qui plus est quand leur activité n'est pas au cœur de notre démarche.

Je perdrai au grand jeu de la démocratie. Mes mises en garde font un flop. Je n'obtiens pas gain de cause, et le film est balancé sur tous les réseaux sociaux. La cagnotte est un véritable succès et le rachat du zoo de Pont-Scorff par la coalition Rewild fait l'effet d'une bombe qui met en panique l'industrie de la captivité jusqu'au syndicat européen des zoos, l'EAZA.

Nous prenons physiquement possession du zoo le 19 décembre 2019. Lors de la signature, j'ai été nommé gérant. Comme Rewild a acquis la SCI propriétaire de la SARL Bretagne Zoo, je suis le seul à avoir un rôle officiel dans la société. À ce titre, je suis responsable :

- du personnel;
- du bien-être animal;
- du respect de la réglementation;
- de la sécurité;
- et je dois veiller à éviter les accidents et les pollutions qui, dans un zoo, peuvent vite être dramatiques.

En d'autres termes, je suis le capitaine du navire. À moi d'assumer la vague scélérate qui déferlera bientôt sur nous, entre autres à cause du spot publicitaire de lancement du projet.

*

Bien que passionné par le monde animal, j'ai toujours été convaincu par l'importance des relations humaines. Pas des « ressources humaines », hein, des relations ! Tant mieux, car je dois expliquer au personnel à quelle sauce il va être mangé. Je présente aux employés le projet Rewild, puis j'invite ceux qui veulent nous suivre à rester parmi nous… et les autres à se faire connaître. Ce n'est pas un coup de pression, c'est une nécessité. Ce qui nous attend va exiger un investissement maximal de chacun. Si certains se sentent mal à l'aise avec l'idéal qui nous guide, mieux vaut arrêter là.

Dans les jours qui suivent, je sens que l'ambiance devient électrique dans le bon sens du terme. Sur le Net, la cagnotte bat son plein. Les soigneurs suivent avec intérêt ce projet dont ils vont directement dépendre. L'ensemble des employés me confie être épuisé à force de porter ce zoo vieillissant dans une ambiance délétère. Les procédures judiciaires, qui sont légion, jouent aussi sur leur moral. Certains soigneurs travaillent ici depuis quinze ans et attendent beaucoup de nous. Nous ferons notre possible, mais, pour assumer l'ambition de notre projet, nous aurons besoin d'argent.

En trois jours, les 500 000 € sont récolés grâce à beaucoup de petits dons. Marc Simoncini, l'homme d'affaires connu pour avoir fait fortune grâce à Meetic, annonce faire un don de 200 000 euros. Le coup médiatique est réussi. Désormais, la cagnotte affiche 730 000 € en provenance de plus de trente pays. L'opération « Achetons un zoo » est un succès, d'autant que, à ce moment, nous sommes déjà propriétaires du zoo. Les acteurs de la captivité animale s'en rendent compte trop tard. Ils essaient de se mobiliser pour faire une contre-proposition qui clouerait le bec à ces écolos hystériques, mais il n'est plus temps ! Mais, une fois que Hugo annonce que l'objectif (le sien) est atteint, les dons deviennent plus rares.

Tant pis, il n'est plus question de reculer. Au contraire, il nous faut passer à la phase active du projet. Sans tarder, la question de la fermeture au public du zoo est mise sur la table. Obsédés par la réussite de l'opération « cagnotte », nous n'avions pas abordé ce sujet pourtant essentiel. Perrine et moi nous prononçons contre la fermeture immédiate. Bizarre ? Réaliste, plutôt. Entre la nourriture des animaux, les salaires des soigneurs et les factures en souffrance, Pont-Scorff coûte cher à faire fonctionner. Je propose que nous options pour une approche pédagogique : le public serait invité non pas à visiter un parc, mais à voir des animaux pour nous aider à payer leur billet retour. Ainsi, le sens de notre démarche serait plus concret et plus accessible, et nous pourrions récupérer quelques picaillons pas inutiles pour régler les frais courants.

Gilles et Lorane M., du centre Athénas, ainsi que Lamya E., la patronne de Sea Shepherd France, sont d'un avis contraire. Eux pensent que l'impact serait plus fort si nous annoncions la fermeture immédiate de la structure. Pour nous rassurer, Lamya répète en boucle que Sea Shepherd avancera l'argent si nécessaire, il ne faut pas se préoccuper de ça. Il suffira de bien communiquer – et ça, ils savent faire. Une fois de plus, je suis mis en minorité. Je l'accepte, car c'est la base de la démocratie associative. Toutefois, intérieurement, je suis partagé. Je suis autant séduit par le principe de fermeture immédiate qu'inquiet des conséquences financières, même à brève échéance.

Hugo Clément nous envoie un cinéaste qui documentera pendant des semaines le projet, les hommes, les animaux en vue d'en faire un reportage un jour ou l'autre. Miguel, c'est son nom, ou plutôt le surnom dont je l'ai affublé, incapable de me souvenir du prénom des gens, et pas plus de ceux des soigneurs à qui j'ai donné à chacun un surnom, qui pour la plupart leur est resté et curieusement dont je me souvenais.

S'ensuivra une myriade de demandes d'interviews de la France entière des milliers de messages sur les réseaux sociaux, dont certains mettront le feu aux poudres. Un internaute caché sous pseudo lança une diatribe intitulée « Lettre ouverte à Hugo Clément et Sea Shepherd » et reprise immédiatement par *Ouest-France*. Les propos y sont diffamatoires, reflets d'une incompétence rare au point que je pense que le pseudo en question n'avait même pas imaginé que son torchon serait de nature à faire le buzz. Après enquête des soigneurs, il s'avère que l'auteur est un animateur pédagogique du nom de Raphaël L., en charge de la conservation d'une collection d'animaux... morts au Muséum d'Histoire naturelle de Bordeaux. Ces propos me visent directement, mettant en cause ma probité, mon honnêteté, mes compétences, seule ma coiffure n'a pas été le sujet d'un commentaire, et pour cause. Le ton est donné, les choses sérieuses commencent.

*

Mon bureau, je l'installe dans une ancienne salle de réunion. J'y mets des canapés, des hamacs, des tables et des chaises pour que l'on y partage des repas. Je veux inventer un endroit convivial qui soit à la fois mon bureau et l'espace du personnel. Pas pour contrôler, au contraire : pour marquer physiquement la nécessité d'être ensemble dans ce même défi. Je suis heureux de voir que celui-ci s'approprie l'endroit en un clin d'œil, conscient que ce qui se joue à « Scorff » nous dépasse, donc doit nous transcender. Les industriels de la captivité animale sont furieux au point que la *newsletter* de l'EAZA, diffusée quelques semaines après notre annonce, travaille pour : « régler le problème Rewild ». La guerre est cette fois-ci bel et bien déclarée.

Enthousiastes ou excrémentiels, les réseaux sociaux s'enflamment, c'est leur fonction (si j'ai bien compris). Je me déconnecte des GAFAM afin de me concentrer sur la mission sans me laisser polluer par certains propos nauséabonds.

Le matin qui suit notre arrivée, l'administration pose sa première banderille. L'inspection du travail vient nous chercher des poux dans la tonsure. Le lendemain matin, la DDPP débarque. Les services vétérinaires s'en donnent à cœur joie. Le lendemain matin suivant, la police de l'environnement déboule à son tour. Le message de ce harcèlement est clair : les zoos ont lâché les fauves et espèrent nous tailler en pièces en déclenchant les foudres de l'administration. Cela confirme leur influence sur l'administration.

En tête de cette armée, le directeur des services vétérinaires, Jean-Michel C., prend personnellement le dossier Pont-Scorff à sa charge. Non, pas personnellement : très personnellement. Avant notre arrivée, le zoo est déjà sous le coup d'une mise en demeure pour mauvais traitement. En cause, deux panthères du Sri Lanka acceptées par l'ancienne direction alors qu'aucune installation n'est en mesure de les accueillir. Les animaux sont enfermés depuis des mois dans une fauverie sordide, sale et désordonnée. La taille de leur loge est de moins de 15 m^2 par individu. Pour nettoyer, il faut faire passer un individu dans la loge de l'autre, ce qui stresse animaux et soigneurs.

En quelques jours, les loges contiguës à celle des animaux sont débarrassées de tout un tas de déchets entassés depuis des années et mises à disposition des félins, permettant de ne plus les mettre en contact lors des opérations de nettoyage. Ils ont désormais deux loges chacun. Un enclos spécial hyper sécurisé est aménagé en extérieur, et rapidement les animaux y seront transférés. Malgré ces améliorations, le directeur de la DDPP continuera la procédure pour mauvais traitement, arguant que puisque c'est la SARL qui est visée, ayant pris sa tête, il n'y a pas de raison que la procédure s'arrête. Et moins de 15 jours après notre arrivée, nous sommes frappées par une sanction pour mauvais traitement, histoire de salir un peu plus notre initiative.

*

Pas une semaine ne se passe sans que paraisse un article de presse sur le zoo, sous l'angle de :

- sa gestion calamiteuse ;
- ses animaux maltraités ;
- ou ces *vegans* inconscients qui en ont pris la tête en arnaquant les gogos sur Internet.

C'est ce moment que va choisir l'OFB pour mettre fin à l'aventure des gris du Gabon. C'est un de ces nombreux matins où je me rendais au zoo, la tête dans les épaules, en me demandant ce qui allait encore nous arriver aujourd'hui, que l'accueil me prévient de la présence de la police de l'environnement à l'entrée du zoo. À peine ai-je le temps de descendre à la rencontre des agents que je me vois signifier qu'ils viennent dans le cadre d'une procédure de restitution des perroquets gris au WPT.

— Une procédure de restitution, leur dis-je ? Vous voulez dire une saisie ?

— Non, me répond-il, une procédure de restitution.

J'en avais entendu des conneries dans ma carrière en général et depuis notre arrivée en particulier, mais là je dois dire qu'ils ont réussi à me surprendre. Quelques jours auparavant, j'étais allé récupérer les oiseaux dans les Landes pour les installer dans une salle de quarantaine avant de leur attribuer une grande volière en attente de leur libération, parce que pour le coup, eux, ils étaient prêts à repartir. J'avais négligé l'énergie que mettraient nos adversaires pour nous empêcher de réaliser cet exploit qui assoirait définitivement la crédibilité de notre initiative. La fameuse procédure de restitution est en fait une tentative de me convaincre, via un service de police, de laisser partir les oiseaux pour l'Angleterre et, pour ce faire, le ministère à ni plus ni moins mis en place un détournement de procédure. Vous imaginez bien que n'étant pas dupe, je balaie d'un revers de la main cette procédure bidon, puisque jamais un service de police, fût-il de l'environnement, ne peut intervenir dans une affaire de désaccord privé, surtout sans décision du tribunal.

Qu'à cela ne tienne. Des heures à expliquer, attester, prouver que je suis bien responsable de ces oiseaux, que j'ai à charge de m'en occuper jusqu'à leur retour à la nature, rien n'y fera. Tout au plus, je réussis à gagner du temps puisque la police de l'environnement accepte de sursoir à sa farce jusqu'au lendemain matin, où je suis convoqué pour être entendu à la gendarmerie. Ils auront eu une nuit pour tenter d'inventer une infraction qui, du coup, leur permettra de saisir les oiseaux. Et cette infraction serait : transport illégal d'espèce protégée. Pas de chance pour eux, je connais la réglementation sur le sujet parfaitement, et des oiseaux n'étant pas destinés à être commercialisés n'ont besoin d'aucune autorisation puisque seul le transport à vocation commerciale est réglementé.

Face à la mauvaise foi, à l'abus de pouvoir et à la magouille, difficile de lutter. Je décide de ne pas jouer les rebelles en bloquant les portes, empêchant l'entrée du camion venu chercher les oiseaux, souhaitant que tout se passe bien pour la suite. Si j'avais su. Avec le recul et vu le traitement que l'on nous a réservé par la suite, je le regrette. Les oiseaux partiront donc embarqués à la va-vite par le WPT, qui les expédiera en Angleterre. Je comprends que jamais ces oiseaux ne reverront leur terre natale, et c'est sans doute ça qui m'attriste le plus.

Le procureur décide de ne pas me poursuivre, mais me propose un rappel à la loi, ce que je refuse. Moi, je veux un procès, je veux qu'éclate au grand jour ce scandaleux détournement de procédure, ce qui n'est évidemment pas du goût des agents corrompus. Je vous laisse imaginer les articles de journaux et les commentaires sur les réseaux sociaux. Une procédure sera entamée pour faire annuler la saisie et elle sera gagnée, mais à quoi bon, les oiseaux sont partis.

*

Dans ce contexte et malgré les heures de travail, je m'affaire à établir un état des lieux notamment pour les animaux afin de faire un point zéro et qu'aucune illégalité commise avant notre arrivée ne nous soit imputée.

Le bilan est sans appel, l'établissement cumule non-conformité des installations, non-conformité des conditions de détention, de sécurité et non-conformité des identifications de la plupart des animaux. 45 % des mammifères contrôlés n'ont pas de provenance ou pas de papiers ou pas de marquage. C'est encore pire pour les oiseaux. 82 % ont des marquages non conformes ou anarchiques qui ne permettent pas de prouver leur provenance légale. Et tout ça est passé sous silence par la DDPP depuis des années. Pourtant, l'établissement qui, au gré des changements de direction ou de propriétaires, a subi quatre contrôles en 2018, trois en 2019 et trois pour le seul mois de février 2020, faisant de cet établissement le zoo le plus contrôlé de France. C'est à se demander si le directeur de la DDPP n'aurait pas perdu tout sens commun et, en tout cas, toute notion d'égalité de traitement du concitoyen, préoccupation essentielle pour un haut fonctionnaire. La réponse nous allons l'avoir très vite.

À peine le rapport d'audit rendu aux autorités et transmis au procureur de la République, nous recevons un arrêté de fermeture du site avec une liste de considérants à peine croyable. Mauvais traitement à animaux, exploitation d'établissement sans certificat de capacité, augmentation de la mortalité, pollution des eaux du Scorff, j'en passe tellement il y en a. La copie de cet arrêté est envoyée dans l'ensemble des boîtes mail de toutes les rédactions de l'ÀPQR et des télés locales. De l'aveu même d'un journaliste de France 3, jamais il n'avait constaté une telle envie de nuire et un tel manque de neutralité de la part d'un directeur départemental. Bon, ça me rassure, je ne suis pas parano alors.

En moins de temps qu'il n'en faut pour l'écrire, nous sommes traînés dans la boue et accusés de mille horreurs, pour lesquelles nous allons passer de longues heures sur les réseaux sociaux à essayer de rétablir un semblant de vérité et rassurer le peu de partenaires qui nous restent.

Cela aurait pu continuer longtemps sans l'intervention du vétérinaire du zoo, un type proche de l'âge de la retraite qui, dans un premier temps, a montré à notre encontre une vraie méfiance, mais qui trouve notre initiative plutôt sympathique. Il reconnaît en tout cas tous les efforts qui sont faits et l'énergie dépensée pour les animaux. Le harcèlement infondé de la direction des services vétérinaires a fini par l'énerver, lui aussi. Sans que rien ne lui soit demandé, il nous fournit une attestation sur l'honneur affirmant que notre arrivée s'est accompagnée d'une baisse de la mortalité des animaux, d'une amélioration de leurs conditions d'existence et d'un ajustement de la nourriture à leurs besoins spécifiques.

Bref, une déclaration qui va diamétralement à l'encontre des déclarations du haut fonctionnaire hystérique. Il va de soi que nous nous sommes empressés de transmettre cette attestation à la presse, qui s'en fera pour une fois largement écho.

Aussitôt, un petit miracle se produit. Nous sommes invités à rencontrer le préfet en personne. Loin de trembler, je me réjouis de cette perspective à laquelle j'avais fini par ne plus croire. Dès le premier jour de notre arrivée, et avant même les premiers contrôles, j'avais sollicité un entretien avec lui, jamais il n'avait daigné me répondre.

*

Le jour de notre rencontre, l'édition locale de *Ouest-France* titre : « Pont-Scorff : toutes les conditions d'une ZAD sont réunies ». Bien sûr, c'est complètement crétin puisque je connais peu de propriétaires qui fomenteraient une ZAD dans leur propriété. Or nous sommes chez nous, à Pont-Scorff ; et nous y sommes en toute légalité. Mais voilà, la PQR, inféodée aux pouvoirs locaux, essaie de nous diaboliser aux yeux de l'opinion, de salir notre réputation conformément aux souhaits des potentats du coin et, par extension, d'influencer les décisions du préfet.

L'idée est aussi de s'assurer un filet de sécurité : même si notre rendez-vous se passait bien, il pourrait toujours subsister un doute quant à notre dangerosité dans l'esprit des lecteurs les plus influençables. Et, de fait, la réunion se passe plutôt bien. Nous y allons, accompagnés de l'avocat de Sea Shepherd. Un tour de table est organisé pour présentation de l'ensemble des administrations. Suite à quoi, Jean, l'avocat, en question prend la parole :

— Monsieur le préfet, en plus de ma casquette d'avocat de la coalition Rewild, je suis également avocat de Carlos Gon (oui, oui) et officier de réserve, vous comprendrez que l'évocation d'une possibilité de ZAD dans les colonnes de *Ouest-France* sonne comme une incompatibilité de fait.

Jean fera un rapide repositionnement du contexte du projet de toutes les illégalités constatées, de l'abus de pouvoir des services de l'État, bref il rétablit un rien la vérité. Le préfet reste silencieux, regarde les interlocuteurs autour de la table, quasiment exclusivement composés des services de l'État et lâche :

— Messieurs, il faut que vous sachiez que je ne connais rien aux animaux, même si visiblement je bosse avec des ânes.

Je ne peux m'empêcher de rire derrière mon masque en voyant la tronche du directeur des services vétérinaires. Une longue discussion s'ensuit au cours de laquelle je démonte l'ensemble des accusations de l'administration, et nous nous séparons sur une sorte de consensus en mode : continuez à faire au mieux, on trouvera une solution.

C'est ravis que nous sortons de la préfecture, persuadés d'avoir changé de paradigme, mais comme chaque fois, il y avait un grain de sable dans le rouage. Deux jours après la réunion, le préfet est appelé à Matignon, laissant place à un successeur qui relâchera la bride sur le cou de son administration, laquelle s'en donnera à cœur joie.

Contrairement à ce que nous aurions pu espérer, la pression ne se relâche guère pendant les mois qui suivent. Bizarrement, nous sommes sauvés par le Covid. La pandémie occupe assez l'administration pour qu'elle nous lâche un peu les bretelles. Profitant de cet interstice plus calme, nous décidons de reprendre l'initiative en organisant une grande conférence de presse où nous dénonçons la campagne de dénigrement dont nous sommes l'objet, en expliquant évidemment, les raisons, les interlocuteurs, les enjeux.

Les mois Covid seront l'occasion d'entamer les grands chantiers, en commençant par le nettoyage. Le site est quasi abandonné à notre arrivée, un nombre incalculable de bâtiments servent de lieux de stockage. Pour cette mission, je peux compter sur l'aide précieuse de mon conjoint, David, qui prendra le *lead* de ces opérations pour le moins peu ragoûtantes, mais tellement nécessaires. Il sera rapidement intégré à l'équipe, se rendant tour à tour partout où il y en a besoin. Avantage de sa présence, c'est un photographe de talent qui va, en plus du reste, documenter absolument tout ce qui a été fait, et notamment la vie du zoo, de ses soigneurs et des animaux. Il a été une aide précieuse dans ce projet, il m'a permis souvent de me sentir moins seul malgré le peu de temps que j'avais à lui consacrer. Malheureusement, l'énergie mise dans le projet Rewild a eu raison de notre couple et je profite de ce livre pour lui rendre l'hommage chaleureux qu'il mérite.

Petit à petit, je m'aperçois qu'au combat extérieur va s'ajouter un combat interne qui commence à se dessiner insidieusement comme un bruit de fond discret, mais déjà perceptible. Un an après notre installation, les premières tensions apparaissent, et elles n'augurent pas du meilleur.

27.
Le biberon du lycaon

Dès les premières semaines, des associés de la coalition ont quitté le navire. Parmi eux, il y a ceux qui avaient oublié de nous dire qu'ils travaillaient avec des zoos, comme Wildlife Angel. L'objectif de cette organisation : former des *rangers* pour lutter contre le braconnage. Mais voilà, parmi ses « partenaires » se trouvent le zoo de Thoiry et le zoo de La Flèche, qui sont des contributeurs assidus pour les opérations de l'association[117]. Forcément, la tournure prise par l'aventure ne convenait guère à notre associé et risquait de mettre en danger son « partenariat » avec l'industrie de la captivité. Ce financement malsain est gage de leur soumission autant que de leur survie.

Notre cagnotte étant appelée « Achetons un zoo et libérons les animaux sauvages ! »[118], notre relation était vouée à se distendre, de même que le lien entre Rewild et One Voice, association contre l'utilisation des animaux sauvages s'appuyant sur les zoos français pour placer des animaux qui lui ont été confiés par la justice... Bref, pour le bien de tous, il fallait rompre avec certains partenaires. En effet, la finalité de Rewild – et je pensais avoir été clair sur le sujet – a

117. https://www.wildlifeangel.org/partenaires
118. https://www.gofundme.com/f/REWILD

toujours été de ne plus avoir à pactiser avec les exploiteurs de la faune sauvage, de réensauvager les animaux et d'en relâcher le plus possible. Perrine, pour Hisa, a été poussée vers la sortie par Lamya, la présidente de Sea Shepherd, sans que nous réalisions à l'époque que le prétexte utilisé était le début de sa stratégie de la terre brulée. La coalition s'est vite trouvée réduite à trois entités : le Biome, le centre Athénas et Sea Shepherd sans que, pour autant, disparaissent les tensions.

Premier sujet de grief : l'omniprésence de la patronne de Sea Shepherd France dans l'établissement. En théorie, rien de grave. Après tout, grâce à ses poches profondes, Sea Shepherd a contribué à la concrétisation du projet Rewild et injecte chaque mois plusieurs dizaines de milliers d'euros. Cependant, je suis responsable d'une société, et il devient de moins en moins supportable que des membres du conseil d'administration de Sea Shepherd débarquent avec leurs gosses et leurs chiens, nous confondant avec une entreprise de taxi, de garderie, de chenil et d'amuseurs privés pour Leurs Seigneuries. Je n'ai ni l'âme d'un *boy* de famille princière ni de temps à perdre en salamalecs oiseux.

D'autres désaccords apparaitront assez clairement, par exemple, sur la manière dont il convient de gérer les animaux. Statutairement, cela relève de ma seule compétence. J'en suis responsable devant la loi. Je communique volontiers sur ce sujet avec le conseil d'administration de Rewild, mais quand ma responsabilité est engagée, c'est moi qui tranche. Or de plus en plus d'événements me déplaisent au plus haut point. Ainsi, le compagnon de Lamya passe des journées entières à caresser une panthère sur laquelle il a jeté son dévolu. C'est un problème sanitaire et comportemental. En effet, quand nous avons débarqué, nous avons constaté que, pour ainsi dire, la panthère pleurait. Elle passait ses journées à appeler. Nous avons changé ses régimes alimentaire et social, nous avons cassé ses routines, et ses lamentations ont cessé. Jusqu'au moment où l'importun s'est mis à confondre l'animal avec un gros chat. Conséquence, le soir venu, quand le caresseur disparaissait, les appels reprenaient de plus belle.

D'autres bisbilles s'ajoutent à celle-ci, notamment sur la gestion du personnel. Entre deux sessions de *scrapbooking*, Lamya n'hésite pas à passer verbalement à tabac un employé devant les autres, pratiquant humiliation et invectives publique. Il devient difficile de débattre, d'échanger, de trouver une voie de conciliation, ce qui pose d'énormes difficultés humaines, relationnelles et techniques. La politique de Sea Shepherd-France est claire et bien connue de tous, c'est « ferme ta gueule ou dégage ».

Résultat, progressivement, tout devient sujet de tension. Notre duo bat de l'aile. Jusqu'au jour où, mielleuse, Lamya me glisse :

— Tu sais, Jérôme, j'y ai réfléchi et je pense que ce serait mieux si tu n'étais plus gérant.

— Pardon ?

— Tu resterais soigneur, bien entendu, mais j'ai l'impression que gérant, c'est trop pour toi. On voit bien que tu fatigues.

— Comment ça ?

— Tu n'es pas fatigué, peut-être ?

Que lui répondre ? Je ne suis pas fatigué, je suis claqué, rincé, épuisé, vu que je bosse dix-huit heures par jour bénévolement - en effet, j'ai refusé de toucher le salaire qui m'était proposé tant que la totalité de l'opération ne serait pas sécurisée, et tant que les employés ayant choisi de rester avec nous n'auraient pas la garantie que la structure va bel et bien fonctionner (je précise ça pour répondre aux médisances médiatiques et digitales se demandant où est passé l'argent de la cagnotte et laissant entendre que je m'en serais mis plein les fouilles - pas un euro, les enfants, pas un). Quand j'ai fini de gérer le quotidien, il faut aussi que je m'assure que nos associés avancent sur le projet d'accueil de groupes puisque nous voulons faire de l'ex-zoo un lieu militant et ouvert, mêlant expositions, expression artistique, *food vegan*, yoga et *tutti quanti*, afin de faire rentrer les 50 000 € mensuels dont notre établissement a besoin pour fonctionner. À cela s'ajoutent la pression médiatique, les convocations récurrentes à la gendarmerie, ainsi que la gestion du personnel, des animaux et de la sécurité. Si quelqu'un subissant cela pendant des mois, sans un jour de congé, n'est pas « fatigué », c'est sans doute qu'il est mort !

D'autant que l'argent est une préoccupation permanente. Quand je prends l'affaire en main, elle coûte 125 000 € par mois. Je me transforme en *cost killer*, mais je ne coupe pas dans les budgets chers aux *managers* puisque j'embauche et augmente certains salariés. En revanche, je ferme les robinets inutiles. Je découvre, par exemple, que le zoo met à disposition sept ou huit lignes de téléphone portable, dont deux sont attribuées à d'anciens directeurs qui ne sont plus dans l'équipe. De même, je m'aperçois que des fournisseurs nous facturent jusqu'à deux fois et demie la quantité de foin ou de paille qu'ils nous livrent réellement tout en nous mettant la pression pour que nous réglions des factures antérieures à notre arrivée. Je constate des dérives extrêmement dangereuses (notamment avec des éléphants) d'un employé que je dois licencier, car son attitude non professionnelle met en péril ses collègues et Rewild. Le licenciement ne se passe pas bien, mais je n'ai pas le choix.

Une année durant, je deviens une espèce de garde-chiourme en état d'hypervigilance, sur le plan tant matériel qu'humain. Chaque jour qui passe, j'ai deux, trois, dix nouveaux problèmes à régler. La mort de Jacob le rhinocéros, les conflits avec certains anciens directeurs et avec les enfants de l'ancien propriétaire, les détournements de fonds lors des exercices précédents, la naissance des lycaons que la mère abandonne et que je dois biberonner, en veillant à éviter l'imprégnation pour ne pas hypothéquer un éventuel retour à la nature… Par-dessus tout, et comme les ennuis n'arrivent jamais seuls, mon père doucement se meurt de la maladie d'Alzheimer. Je l'enterrerai le 1er novembre de cette même année en pleine restriction Covid.

*

À ce stade de mon récit, le lecteur est en droit de se poser à nouveau la question fatidique : lorsque je raconte mes tracas, petits ou grands, ne m'éloignerais-je pas du trafic animal, censé être le sujet du livre ? Pas le moins du monde. La lutte contre le trafic ne passe pas toujours par des opérations spectaculaires, avec de l'adrénaline, un grand déploiement de forces, des brassards oranges partout et des réussites émouvantes pour les défenseurs de la faune sauvage. Elle passe aussi par la mise en place des conditions nécessaires à l'avancée de la cause, et cette mise en place est aussi concrète, ultra terre-à-terre, fastidieuse et épuisante qu'indispensable. Voilà pourquoi il me semble également nécessaire de m'attarder un peu sur les coulisses de Pont-Scorff.

L'histoire de Rewild est celle d'une expérimentation unique au monde, visant à contribuer au reflux de la détention illégale d'animaux. Par conséquent, même si je suis laminé, défoncé, crevé, non, désolé, Lamya, je ne pars pas pour trois raisons :

- ce projet, j'y tiens, et je connais peu de personnes capables de supporter ce que je vis ;
- je crois que nous avançons dans la bonne direction ;
- et je suis certain d'être à ma place.

28.
La promesse du pachyderme

Pour fêter le premier anniversaire de notre prise de la Bastille, les soigneurs m'ont préparé une grosse soirée surprise. Ils ont conscience de toute l'énergie que je dépense. Ils me voient trimer en essayant de garder le sens de l'humour afin qu'aucun membre du personnel n'ait envie de lâcher l'affaire. Grâce à la masse d'emmerdes du quotidien (oui, le mot peut choquer, mais aucun autre ne serait plus juste), je n'ai rien vu venir, et je suis ému par l'ambiance chaleureuse et la reconnaissance de mes collègues. Pour l'occasion, David m'a concocté un diaporama qui retrace un an de vie sur le site, accompagné de dizaines de photos d'animaux, de soigneurs et de jolis textes d'encouragement. Tout à la fête, pour une fois, je ne me rends pas compte que cette séquence touchante va sceller ma rupture avec Sea Shepherd-France, que David n'a pas mentionnée dans l'hommage photographique qu'il m'a rendu. Ils ne le pardonneront jamais, mettant en évidence l'ego surdimensionné de l'organisation et de ses dirigeants.

Pendant un mois et demi, mes relations avec Lamya continuent de se dégrader. Nous ne nous parlons presque plus. Des bénévoles viennent s'installer dans nos locaux. Mi-février, profitant de ce que j'ai pris, enfin, deux jours de congé, Lamya, assistée des parasites de Sea Shepherd-France, organise illégalement une réunion du personnel pour le convaincre que je suis un danger pour Rewild et qu'il faut se débarrasser de moi dans les meilleurs délais. En effet, je n'aime pas les animaux, je suis techniquement très perfectible, je n'ai aucun sens du dialogue social et, cerise sur le clafoutis moisi, je tente de masquer ces défauts en manipulant les gens. La solution est simple : qui dit Jérôme Pensu dit problèmes; qui dit plus de Jérôme Pensu dit plus de problèmes.

Forcément, j'ai vent de cette réunion. Le lendemain, en tant que chef de l'entreprise, je convoque donc une contre-réunion, avec la participation en visio de Gilles et Lorane, membres de notre conseil d'administration, de Lamya et des employés. Courageuse, mais pas trop, Lamya, vociférante, débarque avec son conjoint et tout un tas de bénévoles qui n'ont absolument rien à faire dans cette enceinte, mais qui sont venus réciter leur texte anti-pensuique afin de déstabiliser non seulement la société, mais aussi les employés. Eux m'ont vu bosser comme un malade du matin au soir; eux savent que j'ai augmenté leurs salaires quand la chose était méritée; eux ont constaté que, quand il fallait se battre pour le projet, j'étais toujours présent. Pourtant, au sortir de cette réunion, plus personne ne m'adresse la parole. L'étiquette de manipulateur que m'a collé Lamya est la plus terrible. Son sortilège fonctionne à plein. Impossible de discuter : ce serait de la manipulation. Impossible d'avancer des faits : ce serait de la manipulation. Impossible d'objecter des éléments incontestables : ce serait de la manipulation. Et, inversement, se taire, c'est aussi de la manipulation!

Donc, je me mets en retrait. J'arrête les *briefings* quotidiens. Je donne mes instructions par l'intermédiaire des talkies-walkies. Je me coupe des autres.

*

Une semaine plus tard - dois-je préciser que, dans mon état, une semaine, c'est une éternité en plus long ? –, Loïck, un soigneur animalier, ancien bénévole de Sea Shepherd-France (il a pris part à plusieurs expéditions) et ami très proche de Lamya, entre en scène. Il ne peut se résoudre à voir Rewild partir en cacahuètes. Il a démissionné du Puy du Fou pour s'investir ici, et il se retrouve dans un puits de fous où un super projet est en train d'imploser pour une bête question relationnelle. Par conséquent, il vient frapper à la porte de la grande salle qui me sert de bureau et me pose des questions. D'emblée, je lui dis :

— Je vais répondre à tes questions, mais toi, de ton côté, je te demande de ne pas me croire sur parole, donc de vérifier l'ensemble de mes réponses.

Je lui montre les rayonnages autour de moi et j'ajoute :

— Tout est là. Depuis le début, les documents sont à la disposition de celui qui veut les consulter.

Après notre échange et des vérifications, Loïck propose une réunion à quatre : lui, Sauveur F. à qui nous devons encore un bon paquet d'euros, Lamya et moi. Je valide la proposition; Sauveur valide également; Lamya, elle, insulte Loïck, lequel passe en un claquement de doigts du statut d'ami à celui de dernier des connards. Il tombe de l'armoire en voyant son ex-copine écumer de rage alors que son idée était plutôt de calmer la situation pour éviter d'aller dans le mur. Le lendemain matin, il se pointe au *briefing* des salariés et raconte, d'une part, les éléments d'explication que je lui ai fournis et qu'il a pu confirmer, d'autre part, la réaction hystérique de l'accusatrice en chef. Pour lui, la messe est dite : si quelqu'un a tenté de manipuler le personnel du zoo, c'est Lamya. Le mobile de sa tentative de *putsch* ? Elle espérait probablement récupérer le zoo pour Sea Shepherd-France en dégageant la tête de pioche qui essaie de préserver l'esprit originel de notre projet commun - moi, donc.

*

Deux jours avant la réunion de déstabilisation, les membres du conseil d'administration, dont je fais partie, reçoivent un courrier de Lamya estimant que, au regard des sommes engagées par l'ONG, ils veulent les pleins pouvoirs ou menacent de couper les fonds séance tenante. Ils feignent d'oublier que, certes, ils ont mis du pognon, mais personne ne leur a tordu le bras, et que d'autres bossent, apportant à la cause savoir-faire, expérience et connaissances. En réalité, l'association a décidé de mettre le grappin sur Rewild depuis belle lurette. Un exemple l'illustre : ils ont créé des tee-shirts Rewild... en ajoutant leur logo au logo de Rewild. Je soupçonne cette attitude prédatrice d'être motivée par des histoires de jeux de pouvoir internes à leur organisation. À l'époque, Paul Watson et Lamya n'ont pas encore été virés de Sea Shepherd International. Entre les administrateurs les plus en vue, ça bataille sévère pour savoir qui succèdera à Paul Watson quand il partira. Lamya vise le poste, mais se retrouve en concurrence avec quelques capitaines de l'organisation. Récupérer un zoo, qui serait la seule base à terre de l'organisation internationale, permettrait à la candidate d'espérer asseoir son autorité et de monter un centre de soins. Les animaux sont toujours très porteurs pour la com' et la com', c'est des tunes.

Quoi qu'il en soit, le conseil d'administration de Rewild adresse une fin de non-recevoir aux prétentions exorbitantes de Lamya, l'association met sa menace à exécution et nous coupe les fonds. Du même coup, elle met en danger les employés et les animaux. Je suis contraint de déposer le bilan. Je déclare au tribunal de commerce que je suis en cessation d'activité. Les tentatives pour m'expulser redoublent. En vain.

Même quand je dépose le bilan, je ne baisse pas les bras pour autant. C'est une nouvelle expérience pour moi et je découvre la fonction d'administrateur judiciaire. Officiellement, depuis le dépôt de bilan il prend les rênes de la société, je deviens un exécutant pour le compte d'un tiers. Je n'ai plus aucun pouvoir de décision, mais j'aide l'administrateur à gérer l'entreprise durant le délai accordé par le tribunal. Ce dernier nous a donné un mois pour trouver les moyens de sortir de ce pétrin et tenter un sauvetage.

J'incite les soigneurs à poursuivre l'initiative Rewild en créant une SCOP. Grâce à l'appui de personnalités, une nouvelle cagnotte est lancée pour tenter de sauver le projet. Elle sera relayée par Laura Felpain, qui avait été contactée par une connaissance commune. Rapidement, la cagnotte prend de l'essor, trop au goût de Sea Shepherd. Aussitôt, une horde de malfaisants feront des signalements en masse et alerteront l'influenceuse au point que, moins de trois heures après le lancement de la cagnotte, elle est d'autorité fermée par Hello Asso et les sommes récupérées, bloquées.

Ce nouveau coup bas précipitera la mise en liquidation de l'entreprise puisque tous nos essais pour sauver la situation sont systématiquement sabordés. Au passage et de façon totalement illégale, Sea Shepherd nous coupe l'accès aux boîtes mail et à tous les outils de communication, malgré le fait que j'en étais le propriétaire en tant que déclarant. La trésorière de Sea Shepherd dépose le nom de Rewild à l'INPI ce qui nous empêche de fait de l'utiliser sous peine de recours judiciaire, on a assez d'emmerdes comme ça.

Sortie du tribunal : la liquidation a été prononcée avec, fait exceptionnel, un mois de continuité en raison de la présence des animaux. Je prends donc mes affaires et vais saluer le liquidateur avant de partir, mais César de son prénom me demande avec insistance de rester pour deux raisons : d'une part, gérer un zoo n'entre pas dans ses compétences ; d'autre part, il redoute les coups de sang des employés, dont certains sont passablement sur les nerfs.

Me voici chargé d'expédier les affaires courantes sous les ordres du mandataire judiciaire, et ce, toujours bénévolement. Je reçois les candidats repreneurs, j'assiste le commissaire-priseur venu faire l'inventaire des biens de la société et je cherche des financements pour que les animaux continuent d'être nourris. J'ai la surprise de voir la Fondation Brigitte Bardot proposer un chèque de 50 000 € dans cette optique, à condition que je dégage. Décidément! La raison de ce codicille est simple : le directeur des opérations de la fondation est vice-président de la Révolution écologique pour le vivant (REV), le mouvement politique d'Aymeric Caron... dont Lamya est également vice-présidente.

Leur objectif commun n'est pas seulement de se venger de moi, même si cet esprit très particulier n'est sans doute pas étranger au chantage auquel se livre le chargé de pouvoir de Brigitte. Non, leur idée c'est de me faire purement et simplement virer de mon poste pour pouvoir occuper la place afin de mieux se positionner comme repreneur.

En clair, mon maintien en poste est très dangereux pour Lamya puisque celle-là même qui a foutu en l'air le projet est en lice pour reprendre la boîte qu'elle a coulée. La méthode de la fondation Brigitte Bardot est exactement la même que celle de Sea Shepherd : si vous ne faites pas exactement ce que je dis, vous crevez. En revanche, si vous voulez bien vous laisser acheter, ça se passera bien. Couler une boîte pour se porter acquéreur, d'autres l'ont fait avant, n'est-ce pas là la définition d'une OPA hostile ?

Pas de chance. Pour la première fois, peut-être, cette bande de dictateurs en herbe se retrouve face à un zozo qui, un, est en capacité de leur dire merde, et, deux, se tape complètement – mais d'une force ! – des ragots, médisances et mensonges qui peuvent être déversés sur lui pendant des semaines. Moi, je sais ce que je fais, ce que je vis, ce que je vaux. La haine recuite, tenace, obsessionnelle que me témoigne Lamya sur les réseaux atteint un niveau tel qu'elle me paraît presque comique. Désagréable, peut-être, mais presque comique aussi. Sur des murs digitaux entiers, mon ex-associée déblatère sur mon compte, me désigne comme l'ennemi numéro un, diffuse ma photo pour que chacun sache à quoi ressemble ce salaud qu'elle n'arrive pas à faire plier.

Et le *lobbying* de Sea Shepherd finit par porter ses fruits : un matin, j'apprends dans la presse locale que, par une décision du tribunal de commerce, je suis démis de mes fonctions d'ancien gérant. Comme pour moi, tout ce jargon est nouveau, je ne comprends pas vraiment ce que ça veut dire, et étant déjà en redressement je n'ai plus la main sur la gestion de l'entreprise, donc bon ça ne change rien. Enfin, ça ne change rien, pas vraiment, me dit un ami expert-comptable à qui j'avais demandé assistance lors de la reprise du zoo. En temps ordinaire, et en cas de liquidation, l'ex-gérant garde deux droits. Celui d'avoir accès à l'ensemble des dossiers de reprise et, surtout, c'est le seul en capacité légale de faire appel si le repreneur ne lui convient pas. Fin de l'histoire, pensent-ils. Mais comme la vie serait ennuyeuse sans son lot de petites surprises !

*

Le lendemain matin, mon avocat, installé à Lorient, me téléphone et me demande :

— Vous êtes bien accroché aux branches ?

— Il faut, parce que vu comment ça souffle depuis un moment...

— Bon, nous allons faire une grande première en France.

— Laquelle ?

— Je vais assigner le procureur de la République pour qu'il revienne sur votre destitution.

J'approuve son initiative. Nous gagnons. Je suis réintégré en tant que gérant. Me revoici aux premières loges pour constater la violence qui continue d'agiter l'administration.

Parmi les épisodes les plus fous, dans le dos du liquidateur et du préfet, le directeur des services vétérinaires tente de réaliser une saisie d'animaux, notamment des éléphants, en pleine liquidation judiciaire dans le but de les envoyer à la Tanière-zoo refuge. Je l'apprends grâce à Loïck, qui avait l'oreille qui traînait et qui, pour être franc, marquait à la culotte le haut fonctionnaire revanchard à chacune de ses visites. Le susnommé, tellement sûr de son pouvoir, ne prenait aucune précaution et, comme souvent chez les malfaisants, avait largement sous-estimé l'adversaire, en l'occurrence nous. La conversation téléphonique entre le représentant de l'État et les responsables de la Tanière est sans équivoque : « Nous avons marqué un essai avec le contrôle d'aujourd'hui, il ne reste plus qu'à le transformer ! »

Je comprends mieux pourquoi, parmi les repreneurs potentiels que je devais recevoir la semaine précédente, était annoncée La Tanière qui, bien évidemment, n'avait aucune intention de racheter, mais voulait venir repérer les lieux. Elle avait déjà fait le coup à Sauveur F. dans son zoo. J'alerte aussitôt le liquidateur qui rentre dans une rage folle en lâchant un « Oh putain ! Il commence à me faire chier celui-là ». Il réussit de justesse à bloquer la saisie. Pas de quoi décourager le fou furieux de la DSV qui, moins d'une semaine plus tard, remet le couvert.

J'avais décidé pour une fois d'arriver au zoo un peu plus tard que d'habitude, à peine en fait. 8 h 45 au lieu des 7 h habituelles. En passant à côté du parking visiteur pour me rendre à l'entrée de service, j'aperçois trois camions de gendarmerie, le Psig, les maîtres-chiens. Je me dis : « Putain, cette fois-ci c'est une saisie ».

Pour recontextualiser, nous sommes dans la semaine de ma quarantaine où plus personne dans l'établissement ne m'adresse la parole. J'ouvre la porte de la salle de *briefing* où les soigneurs étaient réunis en conclave, et je lance un : « Gendarmes sur le parking ». Et, tout à coup, telle une volée de moineaux, la totalité des soigneurs quitte les lieux en courant et disparaît sans même que je sache où ils vont.

À peine le temps de monter à mon bureau, juste au-dessus de ladite salle, que j'entends arriver tracteurs, voitures de service et transpalettes. Sans que je donne une seule instruction, ils avaient pris l'initiative de défendre la forteresse, délaissant au passage les frictions internes. L'un était allé chercher le poste à souder pour empêcher l'ouverture du portail de service, les autres des pieux métalliques à enfoncer dans le sol pour ralentir le passage d'hypothétiques véhicules venant chercher des animaux. L'un d'eux lâche en arrivant avec le matériel : « Putain, je vais leur en faire une ZAD, moi ! »

Immédiatement, j'appelle une fois de plus le liquidateur :

— César ? Pensu, dites voir, j'ai un régiment de CRS sur le parking. Je vous préviens que si vous me l'avez mis à l'envers, vous allez vous en souvenir.

— Calmez-vous, monsieur Pensu, me lâche César, j'appelle le préfet et je vous rappelle.

Il ne s'est pas passé deux minutes quand il me rappelle pour m'annoncer qu'en fait ce n'est qu'un contrôle administratif. Je calme les soigneurs et nous accueillons le directeur de la DDPP, son orgueil et également ce jour-là, fait du hasard, une partie du staff du cabinet de César venu faire le point sur les finances. Le contrôle du jour n'est qu'administratif me dit le directeur. Administratif, lui répondis-je ? L'armée n'était pas disponible ?

Toute la matinée, les soigneurs ont occupé le bureau pour assister à ce contrôle pour le moins hostile. À la fin de celui-ci, sur un ton solennel, le directeur de la DDPP me dit :

— Je dois vous informer de la décision que j'ai prise.

— Faites, lui dis-je

— Puisque vous n'avez plus de capacitaire et en attendant un repreneur, je vais proposer à monsieur le préfet de réquisitionner l'ancien directeur du zoo afin qu'il assure la transition. Je voulais recueillir votre avis.

Je crois qu'il regrette encore. Pour la première fois, je me suis totalement lâché avec l'individu. Sur un ton qui m'est propre et avec un vocable bien à moi je lui dis :

— Vous n'êtes jamais en manque d'imagination quand il s'agit de faire chier les gens ? Ce zoo est dans l'illégalité depuis 20 ans, mais vous deviez hiberner et, d'un seul coup, quelque chose vous a sorti de votre torpeur et vous vous êtes dit « tiens si j'allais casser les couilles de quelqu'un », et comme d'un fait exprès, ça tombe sur les miennes. Eh bien, raté, ce ne sera pas moi parce que je ne suis plus rien ici. Le patron c'est le liquidateur, dont vous avez les représentants aujourd'hui. Et les soigneurs, ça tombe bien, ils sont là eux aussi, bonne chance. Et je me mets de côté et leur laisse la parole.

Ce qu'il faut savoir, c'est qu'historiquement ce zoo a été ponctué de directeurs successifs qui ont tous, d'une façon ou d'une autre, vampirisé le site en en tirant des profits personnels, soit au titre de la gloire locale, soit dans le but d'une acquisition à bas prix, ou pire à des fins de détournement. Et justement, le capacitaire proposé par la DDPP n'est autre que l'ancien patron du zoo avant que la fille du fondateur ne le remercie. Autant dire que l'homme en question est un rien animé par un sentiment de revanche. Pour simplifier la situation, il est actionnaire à 30 % de la SARL Bretagne zoo. Et pour la petite histoire, la fin de son règne ne s'est pas passée dans la douceur et bon nombre de soigneurs s'en souviennent.

C'est Clochette qui prit la parole, Clochette étant évidemment un des fameux surnoms dont j'ai affublé les soigneurs. C'est un petit bout de bonne femme, jeune, qui fait un rien fragile et que personne n'attendait dans le rôle de redresseur de torts. Dans une envolée ponctuée de larmes et de colère, elle cloua au pilori le fonctionnaire qui, du coup, avait un rien moins de gueule. L'inquiétude se lisait dans ses yeux d'autant que les soigneurs, au cours du contrôle, avaient sympathisé avec les gendarmes visiblement moins enclins à intervenir pour calmer le jeu. Il finit par partir la tête et le reste bien bas, et je raccompagnai les gendarmes qui assistaient à l'opération de contrôle jusqu'au portail.

En saluant le major, je lui glisse :

— Major, soyez cool avec mes gars. Moi, je vais me barrer. Eux, ils vont rester. Vous avez vu ce qu'on vous demande de leur faire subir ? Dans la mesure du possible, levez le pied avec eux...

Le major s'arrête net. Je me fige aussi. Disons que nos relations ont toujours été plus explosives que cordiales. Pourtant, l'officier me lâche :

— Monsieur Pensu, rassurez-vous, plus personne n'est dupe sur ce qui se passe ici.

Effectivement, je me rendrai compte au moment de la liquidation que le mirage s'est dissipé, notamment quand le procureur de la République en personne, le jour de la nomination du repreneur, se lancera dans un long *mea culpa* au cours duquel Sea Shepherd et les services vétérinaires en prendront pour leur grade.

*

Dans l'attente de la liquidation, la vie continue presque comme si de rien n'était, avec malgré tout une ambiance de condamné à mort qui, en attendant l'exécution, continue de vivre. Nous savons qu'il nous reste deux ou trois semaines et, pourtant, nous bossons toute la journée; puis, le soir venu, nous nous retrouvons pour profiter de la douceur de mai dans une zone aménagée en coin de restauration. Au programme ? Feu de camp et projection de comédies avec Louis de Funès. Besoin de se changer les idées et de se retrouver après cette grosse crise et la scission qu'avait tenté de créer Lamya. Elle, son conjoint et l'ensemble de son CA ont quitté les lieux depuis la réunion de tentative de déstabilisation.

Une liste de repreneurs se fait connaître et m'est envoyée par le liquidateur. Je les reçois, leur fais visiter les installations et tente de connaître leurs intentions. Parmi eux, un certain Sébastien M. Il est restaurateur costarmoricain, passionné d'animaux et, selon son propre aveu, il a toujours rêvé d'avoir un zoo.

Il sait trouver les mots et l'attitude qui vont charmer tout le monde. Conservation, biodiversité, bien-être animal et réintroduction en font partie. Loïck m'accompagne à tous ces rendez-vous, j'ai besoin d'avoir un avis objectif supplémentaire. Il est important que le futur repreneur ait l'aval des soigneurs, ils peuvent faire partie de ceux qui sont en mesure de bloquer la reprise, et Sébastien M. en a conscience. Il visitera deux fois le zoo, une fois avec ses associés, une fois avec sa femme. Et quand on lui parle des animaux, il nous explique à quel point le retour à la nature est un projet qui lui plaît et qu'une de ses préoccupations majeures sera Gandhi. C'est une vieille femelle éléphant d'Asie qui a été capturée dans la nature 53 ans plus tôt et qui a vécu une vie de calvaire dans ce zoo. Elle a connu tous les éléphants, les a tous vus mourir, y compris les jeunes. Le retour dans un sanctuaire dans son pays d'origine avant sa mort serait un beau symbole.

En attendant la décision du tribunal et malgré tout, jusqu'au bout, les soigneurs auront porté le projet de SCOP comme si, au dernier moment, des financements pourraient intervenir miraculeusement. En tout cas, ils n'ont cessé d'y croire.

Le jour de la liquidation se présente enfin. Il sera pour moi l'occasion de décrire avec soin au tribunal l'utopie du projet de reprise de Sea Shepherd qui prévoyait moins de 30 000 € d'investissement quand, ne serait-ce que pour la station de dépollution des eaux, il en fallait 300 000 €. Le tribunal le comprit et c'est finalement, sans surprise, Sébastien M. qui fut nommé repreneur, la SCOP des soigneurs s'étant désistée à son profit. J'émettrai malgré tout une certaine réserve sur le nombre de visiteurs qu'il a prévu, qui me semble totalement utopique. Trois ans après la reprise, moins de 300 000 visiteurs sont venus voir le « nouveau » zoo, au lieu des 500 000 programmés dans son projet de reprise. Il affiche en 2022 un déficit de près d'un million d'euros.

Dès qu'il devient le patron, les masques tombent et les belles paroles s'envoleront rapidement. Il interdit aux employés de discuter avec les anciens soigneurs et fait régner une ambiance d'omertà sur tout ce qui se passe au zoo.

Pour illustrer la méthode, un soir où une employée venait boire l'apéro à la maison, alors qu'elle échange au téléphone avec Sébastien M. au sujet de son projet de quitter le zoo, il conclura la conversation par : « Au fait, vous transmettrez mes salutations à M. Pensu »...

Comment savait-il où se trouvait son interlocutrice ? Cela reste un mystère, mais je dois reconnaître que l'effet de malaise qu'il recherchait a été atteint.

Quant au programme de la nouvelle direction, il est net et sans bavure. Les perroquets de spectacle qui, à notre arrivée, étaient libres du matin au soir se retrouvent enfermés, les oiseaux illégaux dénoncés dans mon audit sont illégalement évacués, les tortues des Seychelles, illégalement détenues elles aussi, sont restituées à leur propriétaire trafiquant malgré mes alertes à maintes reprises répétées au repreneur.

Les éléphants, quant à eux, ne sont jamais partis en Asie du Sud-Est. L'un d'eux est mort dans les quinze jours, suite aux modifications liées à l'arrivée du repreneur et de sa véto de 25 ans qui savait tout mieux que tout le monde et qui opéra des changements de régime alimentaire à ce point drastiques, associés au changement de rythme de vie et de soigneur. La compagne du pachyderme défunt qui aurait dû, par respect pour ce que ces animaux représentent, être vraiment remise en contact avec son écosystème originel, est envoyée dans un sanctuaire cofinancé par la Fondation Bardot dans le Limousin. On est là loin, très loin, des promesses du nouveau directeur, qui bassine *Ouest-France* d'éléments de langage à vous donner envie de vous fracasser le crâne contre des briques, comme quand il déclare : « J'ai envie de donner à un collectif » alors que ce qu'il fait, c'est surtout vider le zoo d'une soixantaine de « pensionnaires », et pas pour les relâcher dans la nature.

Sous son règne, Rewild devient « Les Terres de Nataé », un zoo qui présente des animaux plus ou moins légaux contre des billets frisant les 25 €, mais prétend, comme ses semblables, « entraîner le visiteur dans une démarche forte de préservation et de bien-être animal ». Il souligne que, à l'instar de tout zoo, il fait venir du monde, donc participe à l'économie locale. Qu'il profite pour cela du trafic de la faune sauvage, tout le monde s'en contrefout. Pont-Scorff est redevenu un zoo comme un autre.

29.
Les troncs dans les roues

Si je devais faire le bilan de l'expérience Rewild, je n'en retiendrais que le positif. Nous avons réussi un tour de force unique au monde : acheter un zoo au nez et à la barbe du puissant syndicat des parcs zoologiques, le fermer au public et engager sa mutation en centre de réensauvagement. Nous avons montré le vrai visage des zoos, mis sur la table au grand jour la problématique des animaux saisis. Nous avons déconstruit les mythes de la longévité des animaux en captivité, de leur conservation par des institutions qui ressemblent plus à des fossoyeurs qu'à des œuvres de bienfaisance. Bref, nous avons ouvert une porte qui désormais ne se refermera jamais.

La totalité des zoos s'est mobilisée pour défendre son *business model*, dépensant une énergie considérable pour nous mettre à terre. Leur action est à elle seule représentative de la trouille viscérale que nous leur avons provoquée. Car, soyons sérieux un instant, si nous avions été ces doux rêveurs, écolos, anar, zadistes, que certains ont décrits, on nous aurait laissés gentiment nous planter. Au contraire, d'entrée de jeu, les zoos ont sorti la sulfateuse, sali notre réputation, mobilisé leurs réseaux, dont les services de l'État, pour nous harceler et contribuer à fragiliser la coalition que nous avions formée. Je dois reconnaître que c'était bien vu. L'union aurait fait notre force ; notre désunion a constitué notre principal talon d'Achille.

Malgré tout, et je suis formel, Rewild est une grande réussite. Et notamment humaine. Les emmerdes, contre lesquelles nous avons eu à lutter, ont formé des amitiés solides. Et rien que pour cela, ça valait le coup d'être vécu. Évidemment, nous aurions aimé transformer l'essai. Cependant, avec les derniers irréductibles qui ont soutenu l'expérience Rewild jusqu'au bout, j'ai la prétention d'avoir inspiré des vocations et attisé la colère de certains observateurs qui, devant l'ampleur des bâtons – des bûches, des troncs, des forêts, même à ce stade ! – que les zoos ont jeté dans nos roues, ont bien vu, de leurs yeux vu, que le but de ces établissements, c'est l'exploitation mercantile des animaux et non leur bien-être ou leur conservation.

30.
L'impossible réintroduction des tortues

L'histoire pourrait s'arrêter là, mais, pour donner une meilleure vision de la diversité du trafic de la faune sauvage en France, je ne peux pas terminer ce livre avant d'avoir raconté le gros dossier que je découvre en décembre 2021 et qui illustre à lui seul l'ensemble des pratiques qui rend possible le trafic. Quand nous avons pris possession du zoo de Pont-Scorff, il y avait une priorité : inventorier espèces et individus détenus afin de déterminer les animaux en capacité de repartir pour, ensuite, enclencher les longues et diverses procédures qu'impose une réintroduction. Dans la liste à la Prévert que je dresse en examinant les animaux présents sur le site, éléphants, girafes, lions, hippopotames ainsi qu'une espèce qui retient particulièrement mon attention : les tortues des Seychelles, de grosses et belles bêtes de 180 et 200 kg.

D'un point de vue technique, ramener ces animaux dans leur biotope naturel ne pose pas de difficulté particulière. Leur régime alimentaire, essentiellement herbivore, est des plus simples. Qu'ils mangent des feuilles et des herbes en France ou aux Seychelles ne leur fera ni chaud ni froid. Le seul point de vigilance est leur réacclimatation. Il est évidemment pris en compte, comme on le fait chaque fois qu'on entame un processus de retour à la nature. En réalité, la grande question que je me pose est de savoir qui en est le véritable propriétaire.

L'affaire est plus épineuse qu'il n'y paraît. Parmi les animaux que nous avons récupérés, certains appartiennent au zoo de Pont-Scorff, d'autres ont été prêtés, d'autres ont été donnés, et d'autres encore n'ont pas de statut clair. Dans un premier temps, je découvre que les tortues des Seychelles ont appartenu à un zoo italien. Je sollicite donc de leur part le legs des tortues en vue de leur réintroduction. Comme je m'y attendais, je reçois un refus ferme et définitif. Contrarié, mais résigné, je me penche d'un peu plus près sur les documents d'acquisition justifiant la présence des animaux sur le site, afin de les faire repartir en Italie dans les formes. Et là, surprise ! Je m'aperçois que ces animaux sont devenus la propriété de Pont-Scorff ainsi que le prouve un certificat de cession. Si elle était confirmée, cette découverte renverserait la vapeur, car nous n'aurions plus besoin de l'autorisation des Italiens pour renvoyer les animaux aux Seychelles.

En remontant le fil de l'imbroglio, il m'apparaît que, pour une raison que j'ignore, le zoo italien a prêté les tortues au zoo de Doué-la-Fontaine. Ensuite, par l'intermédiaire du soigneur qui était titulaire du certificat de capacité *ad hoc*, elles sont arrivées à Pont-Scorff, et ledit soigneur a établi un certificat de cession en faveur du zoo. Autrement dit, il a donné ces animaux à Pont-Scorff. Par quel tour de passe-passe avait-il estimé pouvoir le faire ? Mystère, mais c'est son problème. Il est probable que des tractations compliquées, voire un peu louches ont eu lieu, car le soigneur a aussi obtenu du zoo italien une tortue pour son propre compte. L'essentiel, c'est que j'ai un certificat de cession.

D'après les fiches Zim's, les tortues sont nées aux Seychelles en 1957. Elles peuvent être estimées au bas mot à 30 000 € pièce. Autant dire que, en sous-jacent, l'enjeu commercial n'est pas neutre. J'introduis alors une demande auprès du gouvernement des Seychelles pour leur restituer ces animaux. Ma demande est acceptée. Je sollicite l'État français pour obtenir le droit d'exfiltrer les animaux. Miracle ! Pour une fois, l'administration agrée ma demande. Tout semble se dérouler aux petits oignons, mais... évidemment, il y a un « mais ». S'il n'y avait pas de « mais », il n'y aurait pas de trafic, c'est aussi bête que ça.

*

Un jour, je vois débarquer à Rewild un journaliste et un photographe envoyés du *Monde* et validés par Lamya. Ils veulent raconter Rewild à leurs lecteurs. Ils se disent enthousiastes, mais, d'emblée, j'ai un doute. Les questions qu'ils posent montrent qu'ils n'ont pas une haute opinion de notre travail. J'ai le pressentiment que ces types vont nous la faire à l'envers. Ce n'est pas mon premier jour dans le monde de la sauvegarde animale. Avec le temps, mon muscle de l'intuition s'est développé. Quand je ne sens pas un journaliste ou un observateur, la suite me donne généralement raison. Signe que quelque chose cloche, l'entretien ne se passe pas très bien. Le photographe prend des clichés en douce et essaie d'aller seul voir les animaux. Je le lui interdis, et j'en profite pour le recadrer.

Le 4 janvier 2021, l'article paraît et nous descend en flammes. Le plumitif est scandalisé que nous ayons pour projet de « relâcher [nos] pensionnaires dans la nature ». Et comme, contre mon avis, mais sous le sceau de la confidence, Lamya a évoqué la prochaine réintroduction des tortues dans leur milieu naturel, ils s'empressent de dévoiler le projet secret afin de dénoncer « l'initiative controversée de Rewild pour "libérer" les animaux d'un zoo »[119]. Aussitôt, le zoo italien nous envoie une mise en demeure et nous assigne

119. https://www.lemonde.fr/planete/article/2021/01/04/en-bretagne-l-initiative-controversee-de-rewild-pour-liberer-les-animaux-d-un-zoo_6065102_3244.html

devant le tribunal de commerce de Lorient. Par chance pour nous, à l'appui de leurs prétentions, ils commettent une erreur qui aurait dû leur être fatale. Ils publient un tas de documents censés justifier l'acquisition légale des tortues. Or, en lisant ces documents, je me rends compte que ces animaux sont issus d'un trafic via une opération de blanchiment. L'avocat de Sea Shepherd, censé nous défendre, nous enfonce, peut-être de peur que Rewild ne tienne ses promesses de retour à la nature avant que l'ONG n'ait pris le pouvoir. Nous sommes condamnés à restituer les tortues aux trafiquants.

La décision est absurde et scandaleuse, mais elle confirme que blanchir des animaux illégaux est encore plus facile que je ne l'imaginais. Depuis le 24 juin 1974, en dépit des pressions multiples et lucratives pesant sur ce petit État, les Seychelles ont interdit le départ des tortues adultes de leur île à deux exceptions près : à destination d'institutions scientifiques ou en cadeau diplomatique, et ce, dans la limite de 15 individus par an[120].

Depuis cette période, pour que ces tortues inscrites à l'annexe B de la convention de Washington puissent être commercialisées, elles doivent être nées en captivité dans un établissement légal, donc référencé, et seuls les individus dont la taille de plastron est inférieure à 33 cm sont commercialisables. Or, en 2010, le zoo italien a acheté dix tortues aux Seychelles répondant à cette contrainte, correspondant à des animaux qui ont entre 5 et 7 ans. Cependant, la CITES n'oblige pas à ce qu'elles soient marquées avant leur départ. C'est la faille que les Italiens vont utiliser pour blanchir les tortues adultes de Pont-Scorff.

Le but de l'opération de blanchiment consistera donc à faire passer deux tortues adultes de provenance inconnues, c'est-à-dire illégales, pour des tortues légalement acquises. La phase de blanchiment commence à l'arrivée des dix tortues légalement acquises.

120. https://www.sauvage.bzh/sommaire/?file=Chapitre24/loiseychelle.pdf

Elles sont identifiées avec des transpondeurs. Au passage, les deux tortues de 1957 bénéficieront des mêmes marquages, les faisant passer pour une partie du lot officiellement acquis. Une fois identifiées, elles deviennent des animaux d'origine légale, bénéficiant de l'autorisation de commercialisation qui en découle. Ce qui s'est passé est clair comme de l'eau de roche : le zoo a utilisé l'importation de jeunes tortues pour légaliser ses animaux quinquagénaires.

Quand je me rends compte de cette arnaque, j'alerte le procureur de la République. Trop tard : suite à l'article du *Monde*, l'autorisation de réintroduction nous a été retirée afin que nous ne relâchions pas des animaux. Dès que Rewild est mis en liquidation, le directeur de la DREAL, que j'ai pourtant averti de l'entourloupe (ce qui m'a valu trois heures d'interrogatoire à la gendarmerie), renvoie les tortues en Italie avec la bénédiction du repreneur que j'avais pourtant averti. Force reste aux trafiquants et à leurs complices !

31.
La fortune des cadavres

Loin d'être anecdotique, l'échec de la réintroduction des tortues des Seychelles est très significatif. Il démontre qu'un cap supplémentaire a été franchi. Les trafiquants ne profitent pas seulement du manque de moyens ou de formation de l'administration et de la police. Ils profitent aussi de relais dans les rangs de ceux qui devraient lutter contre. Je constate que, même quand on apporte aux autorités compétentes (enfin, supposées être compétentes) la preuve d'un trafic et d'un blanchiment, celles-ci n'hésitent pas à aller dans le sens des trafiquants afin, sans doute, de ne pas se mettre à dos la diaspora zoologique. En l'espèce, l'administration a fait capoter notre projet et a restitué les tortues à un zoo, à l'origine de leur trafic, pour trois raisons.

La première raison est en quelque sorte une affaire personnelle. Si nous avions mené à bien l'opération de réintroduction des tortues, cela aurait prouvé le bien-fondé de la démarche de Rewild, par-delà les vicissitudes économiques rencontrées. Ça, les zoos français ne pouvaient pas l'accepter. Dès le déclenchement de la procédure par les Italiens, Céline Serrano, journaliste de France 3, a mis en lumière le fait que l'acharnement administratif et judiciaire dont nous étions victimes n'était pas qu'un épiphénomène. Il s'inscrivait dans une volonté radicale de mettre à bas « un projet ambitieux, le premier en France à proposer de réintroduire le plus possible d'animaux dans leur milieu naturel », ce qui « suscite l'hostilité de nombreux acteurs du secteur animalier, vétérinaires, directeurs de zoos... »[121]. Sous cet angle, les tortues ne sont que les victimes collatérales de la très vive fureur collégiale que nous avons dû affronter dès le lancement officiel de Rewild.

La deuxième raison est une affaire de communication. Si, au lieu de les restituer à un zoo, les autorités avaient saisi des tortues en arguant qu'elles étaient issues d'un trafic, l'image des zoos dans leur ensemble aurait été entachée. Ce geste fort aurait révélé que des animaux détenus et présentés au public peuvent avoir été prélevés illégalement dans la nature ; et cette vérité aurait porté un coup (provisoirement, mais un coup quand même) aux discours lénifiants que servent à longueur d'année les industriels de la captivité.

La troisième raison est une affaire de *business*. Réintroduire les animaux dans leur milieu naturel aurait démontré qu'une telle action est possible, même pour des individus qui ont passé plus d'une dizaine d'années dans un enclos. Contrairement à ce que les zoos serinent, s'ils ne réintroduisent pas les animaux dans la nature, ce n'est pas que leurs victimes ne peuvent survivre qu'en captivité, c'est juste que la détention leur rapporte des millions d'euros.

En conséquence, même quand ça ne concerne pas une entreprise française, même quand ne fonctionne pas le chantage à l'emploi via les saisonniers, l'hôtellerie et le ruissellement de la manne touristique sur un territoire, le *lobby* hexagonal du zoo peut voler au secours du trafic d'animaux. Pas par solidarité européenne

121. https://france3-regions.franceinfo.fr/bretagne/morbihan/retour-aux-seychelles-tortues-geantes-pont-scorff-menace-1911776.html

entre pairs : par souci de préserver leur image mensongère de sauveurs des animaux et de la biodiversité.

*

De ce qui précède, je tire non pas une conclusion, mais une confirmation : il ne peut y avoir de trafic d'animaux sauvages sans la complicité de l'administration. Dès lors, on ne vaincra pas ce fléau sans un désir politique, administratif et judiciaire de s'y attaquer. Actuellement, on en est très loin, au point que semble même s'imposer une négation du trafic. On concède quelques débordements au Qatar, peut-être, dans les boîtes de nuit, dans de rares cirques véreux... Ailleurs ? Mais non, c'est fini depuis longtemps ! Une telle affirmation est fausse. Nombre d'éleveurs – notamment des éleveurs d'oiseaux exotiques – sont des trafiquants, et nombre de zoos le sont également. L'administration couvre ces magouilles par :

- incompétence ;
- connivence parfois ;
- et souvent par incapacité d'action due au manque de structures adaptées.

La volonté de ne pas voir ce qui se passe forme un beau duo avec la protection des monstres sacrés que sont les zoos... et les professionnels de l'exploitation animale.

C'est un fait, le trafic ne se cache pas. Mieux, il n'hésite plus à se pavaner. Le sentiment d'impunité de ses acteurs est illimité. Pourquoi se gêneraient-ils ? Leur industrie est florissante. Elle a retrouvé son niveau des années 1970. Elle n'a aucune barrière, aucune pudeur et, bien sûr, aucun remords. En quelques années, le gris du Gabon, l'un des perroquets les plus vendus au monde, s'est retrouvé classé comme espèce vulnérable, donc en voie d'extinction, mettant un terme définitif au mythe de l'exploitation durable de la biodiversité, dont la CITES devait être le garant.

Les contraintes glissent sur les massacreurs de la biodiversité. Des quotas ? Dépassés. Des marquages ? Falsifiés. Des règles de présentation au public ? Bafouées. Une législation sur l'élevage ? Travestie. Et pourtant, tout n'est pas perdu !

Certes, en France pas moins qu'ailleurs, lutter contre le trafic d'animaux sauvages n'est pas une priorité. La gravité de la situation et ses conséquences catastrophiques pour l'humanité ne sont pas prises en compte. C'est d'autant plus rageant qu'il existe des solutions concrètes et presque simples à mettre en œuvre. Je clôturerai donc le présent ouvrage en les recensant.

32.
Six mesures pour en finir avec le trafic de la faune sauvage

Justice environnementale

Lutter contre le trafic de la faune sauvage, c'est possible, c'est même d'une simplicité affligeante. Il ne manque qu'une seule chose : la volonté. Oh, bien sûr, il faudrait mettre quelques outils en place, opérer deux, trois modifications réglementaires, mais, dans l'ensemble c'est facile et inévitablement judiciaire.

Premièrement, il faut créer un tribunal de l'environnement qui gérerait exclusivement les affaires d'atteinte à la biodiversité. Qu'il s'agisse de destruction des milieux, d'espèces protégées de rivière, de pollution, de trafic, ce tribunal composé uniquement de magistrats spécialisés est LA solution pour une véritable répression à la hauteur des crimes commis et du risque subi par les concitoyens.

En France, il y a des tribunaux spécialisés dans chaque domaine de la vie :

- le tribunal de la Sécurité sociale ;
- le tribunal des prud'hommes ;

- le tribunal aux Affaires familiales ;
- le tribunal pour enfants ;
- le tribunal de commerce.

Il y a même un tribunal spécial pour les baux ruraux, mais pas un pour l'environnement. C'est fou ! L'environnement, c'est pourtant l'enjeu des 50 prochaines années. L'environnement, c'est l'ensemble du vivant qui conditionne notre existence et nous permet (ou non) de survivre sur cette Terre. Important, non ?

Toutes les affaires de destruction de milieux, d'assèchement de zones humides, de pollution de rivière, de destruction d'espèces protégées, de trafic sont systématiquement traitées entre deux affaires de cambriolage, d'exhibitionnisme ou de conflit de voisinage. Certes, il existe des pôles régionaux spécialisés en matière d'atteintes à l'environnement. Les PRE (pour pôles régionaux environnementaux) ont été créés en 2020, mais ils ne sont qu'un pansement sur une jambe de bois. Pas de juge ni d'avocat général spécialisé, impliquant de fait une application *a minima* du droit à l'environnement.

La compétence d'un tribunal de l'environnement devra inclure « l'enquête, la poursuite, l'instruction et le jugement » des délits prévus par le Code de l'environnement, le Code forestier ainsi que certaines infractions du Code rural, de la pêche maritime et du Code minier... Bref, une vraie arme à réprimer le trafic, confiée à des spécialistes en capacité de comprendre les enjeux, la complexité des filières, les différents opérateurs, à l'instar du parquet national financier.

Pour ce faire, il faut une vraie volonté politique, une prise de conscience, presque un sursaut écologique, mais aura-t-il lieu ?

Lutter contre la corruption

Si l'on veut stopper le trafic, il y a lieu de partir du constat de longue date réalisé au sujet des causes de ce trafic et, l'une d'entre elles et pas des moindres, c'est la corruption parfois au plus haut niveau de la police de l'environnement.

Il est inconcevable que les ex-garde-chasses, devenus des agents ayant un statut de police, avec la capacité de mettre en garde en vue et de perquisitionner, ne soient contrôlables que par l'administration. Une des mesures à mettre en place, de façon concomitante avec le tribunal de l'environnement, est la création d'une police des polices de l'environnement. Elle pourrait non seulement mettre fin aux détournements de procédure, aux petits arrangements entre amis, au laxisme que pratiquent volontiers certains agents notamment à la direction de la police, mais elle exercerait aussi une précieuse pression de contrôle sur leur activité. Cette activité limiterait les nombreux abus auxquels sont confrontés les défenseurs de l'environnement et dont, à l'inverse, bénéficient les trafiquants. Autant dire que les citoyens devraient s'emparer du sujet…

L'ensemble des affaires que je raconte au cours de ces pages et qui mettent en évidence conflits d'intérêts, atteinte à la probité et corruption serait totalement impossible s'il existait une police des polices de l'environnement. Aujourd'hui, toute dénonciation de ces faits arrive directement, soit sur le bureau de Gérard B., soit sur celui du directeur de l'OFB, dont on a vu à quel point ils sont tous les deux impliqués dans des affaires qui, il n'est pas interdit d'espérer, finiront un jour par leur « péter à la gueule » comme ils le méritent.

*

Financer la protection de la biodiversité

La création d'un tribunal et d'une police des polices de l'environnement ne peut être une fin en soi. Elle doit être accompagnée d'autres mesures tout aussi dissuasives.

Parmi elles, la création d'une taxe biodiversité qui serait un outil essentiel de financement pour toutes les mesures à mettre en place.

Oui, je sais, encore une taxe. Mais une taxe utile. Si vous achetez un appareil électroménager, vous payez une taxe de recyclage quasi imperceptible au regard du prix de vente. Sans juger de l'utilisation de cette taxe, je ne connais pas le sujet, en tout cas elle a été imposée sans consultation et visiblement sans que personne ne trouve rien à y redire.

Des centaines d'entreprises en France et ailleurs à l'étranger utilisent de façon éhontée, et non contrôlée, la biodiversité.

Importateurs et utilisateurs de bois exotique, importateurs de coquillages, d'insectes, d'animaux vivants ou morts, animaleries, zoos, tanneries de peaux exotiques, tous s'enrichissent jusqu'à plus soif depuis des années sans pour autant payer leurs contributions de compensation pour cette exploitation démesurée. À eux seuls, les 50 plus grands zoos de France représentent 17 millions de visiteurs. Une taxe à hauteur de 0,50 centime d'euros génèrerait plus de 8 millions d'euros de taxe. Appliquée à l'ensemble de l'industrie exploitant la biodiversité, cette taxe génèrerait plus de 50 millions d'euros par an pour financer l'ensemble des mesures essentiel visant à mettre un terme définitif au trafic de la faune sauvage.

*

Oui, il existe un fric fou à récupérer utilement. Une taxe sur la biodiversité est la solution pour ne plus entendre l'État pigner en nous expliquant que pour lutter contre le trafic, il n'y a pas de fonds disponibles.

Sauf que, à l'heure actuelle, les exploitants de la biodiversité sont à l'abri de ce genre de proposition au regard du chantage qu'ils exercent sur l'État.

Forcément, les *lobbies* y sont défavorables. Ils ont déjà obtenu, en ce qui concerne les zoos, une ristourne sur la TVA. En 2014, ces derniers bénéficiaient d'une TVA de 7 %. Un projet d'augmentation de quelques % de cette dernière était dans les cartons de Bercy. Aussitôt, la famille princière dans le domaine avait fait valoir que ça engendrerait le licenciement de 45 personnes rien que sur Beauval (et un petit coût de chantage à l'emploi au passage). C'est une pression directe sur le couple présidentiel qu'elle connaît bien qui a permis de revenir à un taux de 5,5 %. Mais si, vous savez, le même taux que les produits alimentaires de première nécessité ? Coût de l'opération pour l'État : 7,2 millions d'euros. Imaginez tout ce qu'on pourrait faire avec ce fric.

J'ai soumis une proposition allant dans ce sens à Bruno Le Maire en 2017, quand il était ministre de l'Économie. Réponse de Bercy : hors de question de mettre en place de nouvelles taxes. Tu m'étonnes !

Et pourtant, huit nouvelles taxes ont été mises en place sous la présidence Macron, preuve s'il en est besoin que, quand on veut, on peut.

Stopper la déréglementation

Bon, à ce stade, la justice de l'environnement, le contrôle de la police et le financement du processus, c'est géré. Reste qu'une des composantes du trafic, c'est le détournement de la réglementation ou l'écriture de cette dernière à la faveur des *lobbies*. Sur le sujet, l'affaire est d'une grande simplicité. On connaît aujourd'hui toutes les failles, toutes les techniques de fraude, tous leurs outils de blanchiment, on a donc l'ensemble du savoir qui permet d'écrire un texte simple, lisible, en adéquation avec les engagements internationaux que la France a ratifiés de longue date.

Pour ce faire, il convient de rétablir quelques principes fondamentaux :

- identification infalsifiable, inaltérable et pérenne ;
- interdiction de vendre, détenir, commercialiser la faune européenne ;
- établir une liste d'animaux autorisés à la vente et à la détention, tout le reste étant *de facto* interdit ;
- rétablir les contrôles génétiques, y compris en contrôles administratifs ;
- preuve de la légalité à charge du détenteur ;
- mettre fin aux télédéclarations ;
- éliminer de la réglementation actuelle l'ensemble des exemptions aux obligations d'identification.

Là, pour le coup, je ne vois pas comment un ministère pourrait encore justifier de l'existence d'une réglementation à ce point permissive et refuser de la modifier comme il se doit. Si les hauts fonctionnaires en charge de son écriture sont marqués à la culotte et si un réel avis d'expert est consulté, on devrait enfin avoir en France un modèle du genre, qui pourrait en plus inspirer plusieurs pays européens.

Former les agents

Un des points clefs dans la lutte contre le trafic, c'est le contrôle et les agents qui les effectuent. Les nombreux dossiers mettent en évidence des lacunes énormes à ce sujet, y compris face à des agents dotés de la meilleure volonté du monde. Non seulement il faut renforcer leur connaissance sur les techniques de fraude, mais également sur la biologie des espèces rencontrées, leur capture et leur contention, et sur toutes les clefs de détermination qui vont leur permettre de lever ou de confirmer les doutes quant à la légalité d'une détention.

J'ai été amené à plusieurs reprises à prodiguer de telles formations, allant même, et c'est un cas unique, jusqu'à me déplacer avec des animaux jusqu'au centre de formation de l'OFB afin de les initier à la capture sur de grands rapaces ou de grands perroquets, sujet souvent bloquant au cours d'un contrôle.

Les connaissances permettent de contrer les arguments des trafiquants, avancés pour échapper aux contrôles, du genre « mes animaux sont en période de reproduction », « ils vont abandonner leurs œufs », « touchez pas aux jeunes, ils vont les abandonner », et j'en passe. L'objet est de faire des agents de la police de l'environnement des spécialistes de la détention, des techniques de fraudes et de la contention des espèces contrôlées.

Gérer dignement les animaux saisis

Enfin, la lutte contre le trafic exige la création d'établissements d'accueil pour animaux saisis. L'objectif des établissements serait le retour à la nature des individus chaque fois que cette option est envisageable, donc le plus souvent, comme le prévoit la CITES.

Aujourd'hui, tout se passe comme si, devant une voiture mal garée, la police passait, fataliste, parce qu'elle n'aurait pas d'opérateurs pour l'enlever et pas de lieu pour la stocker. Avec une différence : là, on ne parle pas d'objets, mais d'êtres vivants. D'êtres arrachés à leur écosystème. D'êtres qui, à leur niveau, assurent l'équilibre écologique de la planète. Curieusement, on peut néanmoins prendre la métaphore automobile pour illustrer le problème. Faute de fourrière, imaginons que certains escrocs à la petite semaine proposent des alternatives : celui-là dispose d'un lopin pour entasser quelques voitures ; tel autre a récupéré la jouissance d'un parking où il se fait fort de rassembler à la va-comme-je-te-pousse les véhicules qu'on lui apporte. Comme rien n'est dans les règles, des voitures disparaissent, d'autres entrent en tant qu'Audi Q8 et sortent en tant que 4L mais avec le même numéro de référence, tous les véhicules retournant sur le marché sans qu'aucun d'entre eux ne rende de comptes... D'ailleurs, puisqu'on est dans la métaphore automobile, viendrait-il à l'idée de l'État de faire gérer les fourrières par des vendeurs de voitures ?

Dans le contrôle de la faune sauvage, toutes choses étant égales par ailleurs, l'analogie est frappante. En théorie, la législation doit permettre de mettre un terme aux détentions illégales d'animaux ; en pratique, elle justifie l'existence de « refuges » aux pratiques discutables, aux agréments bidonnés et au fonctionnement peu recommandable.

Contre toute attente, les autorités les soutiennent, car ces lieux offrent un simulacre de solution aux quelques agents qui effectuent encore des saisies, faute de mieux. Et tout se joue sur ce « faute de mieux ». Le « faute de mieux » n'est pas une preuve de réalisme, c'est un formidable soutien apporté, consciemment ou non, aux trafiquants et une épreuve de plus infligée aux animaux, donc à la biodiversité.

Faute de mieux, on remet des animaux à des institutions qui se transforment en zoos et en viviers de zoos.

Faute de mieux, on prolonge la détention d'animaux qui n'auraient jamais dû se trouver en captivité.

Faute de mieux, on entérine l'érosion de la biodiversité en actant l'incapacité de l'État français à lutter contre les trafiquants.

À l'opposé, des refuges nationaux avec une délégation de service public, respectant les normes en vigueur et aspirant à remettre en liberté leurs pensionnaires, éviteraient de telles dérives et permettraient – c'est une obsession, chez moi, je le reconnais ! – de former les agents de la police de l'environnement.

Un tribunal de l'environnement, une police des polices, une nouvelle réglementation et un établissement d'accueil servant de lieu de formation, le tout financé par une taxe biodiversité, on attend quoi ? Bientôt, la plupart des espèces seront tellement en danger de disparition qu'il sera trop tard et que quelques voix s'élèveront pour dire : « Si on avait su ». Eh bien, je ne dirai qu'une chose, je sais, et maintenant vous savez aussi. La suite sera la démonstration d'une volonté de changement, ou pas.

Postlude

Au terme de ce livre, puisque j'ai dit « je » au long des pages, un petit bilan personnel s'impose. Au cours de ma vie, je n'ai cessé d'alerter, d'avertir, de plaider et de sensibiliser, toujours dans le même but : faire avancer la cause de l'environnement à travers celle des animaux sauvages. Mon rôle de lanceur d'alerte, bien avant que ce mot ne devienne à la mode, je l'ai joué auprès d'associations, d'administrations, d'agents de contrôle, ce qui m'a valu tantôt un statut d'expert, tantôt un statut de délinquant. Je me suis moqué de ces différences d'appréciation. J'étais et je reste animé par une triple obsession :

- que le message passe ;
- que les dossiers sortent ;
- que les malfaisants soient mis hors d'état de nuire.

Aujourd'hui, je constate que le trafic d'animaux sauvages existe grâce à ceux qui ont intérêt à le couvrir. Il reste extrêmement présent et toujours aussi difficile à enrayer. En combattant ce *business*, j'ai dû affronter de plus en plus souvent ceux que je croyais être des frères d'armes, détournés du combat grâce à un statut ou à l'attrait pour une certaine célébrité. Je ne l'ai pas fait de gaieté de cœur, mais parce qu'ils sont devenus partie prenante du problème. Alors, je tiens bon. Les coups fourrés, les chausse-trappes, les diffamations, les gardes à vue, les interrogatoires musclés, rien ne me découragera, jamais. Certes, après Rewild, j'ai eu un gros coup de mou. J'étais moins effondré qu'effaré devant l'ampleur du problème où tout le monde semble prendre plaisir à croquer.

- Les zoos créent du chiffre d'affaires, donc de l'emploi, donc des taxes, ce qui plaît aux autorités publiques, d'autant que ces entreprises excellent à dissimuler leur mercantilisme débridé en laissant croire qu'ils sont le dernier rempart contre l'érosion de la biodiversité... alors qu'ils l'aggravent.
- Les éleveurs et certains centres de soins participent joyeusement au trafic en nourrissant les ogres zoologiques avec de la chair fraîche, dont la provenance n'est pas toujours légale.
- Les grosses associations sont contentes de profiter de la manne zoologique pour assurer leur train de vie en général et, souvent, celui de leur *top management* en particulier.
- En dépit de la bonne volonté de certains de ses agents, la police de l'environnement oscille entre impuissance, connivence et soutien aux trafiquants.

Alors, oui, c'est vrai que, devant ce constat, je me suis pris un petit taquet derrière l'encolure en pensant : « On ne peut pas y arriver, c'est perdu, ils sont trop forts ». Quoique le découragement ne soit pas dans ma nature, j'avais l'impression d'avoir atteint mes limites. Même après ce qu'avait révélé l'aventure Rewild, les lièvres qu'elle avait levés, les loups qu'elle avait fait hurler, rien n'avait bougé. Rien ne bougeait. Rien ne bougerait. Et cependant...

Quelques années après la fin de Rewild, je me dis que si des initiatives volontaires et courageuses se mettaient en place ; si, à force de persévérance, on réussissait à limiter le pouvoir des fonctionnaires complices des pratiques illégales attentant à la faune sauvage ; si on parvenait à mobiliser des volontaires désintéressés et des agents à la fois tenaces et engagés ; bref, si le contexte laissait entrevoir la possibilité de remonter une structure qui tirerait les leçons de ce qui s'est passé (et de ce qui ne s'est pas passé !) à Pont-Scorff, peut-être aurais-je à nouveau l'idée que mes convictions, mes connaissances, mon savoir-faire et mon énergie sauraient se rendre utiles. Avec le recul, j'ai l'impression de n'avoir été qu'un petit grain de sable capable de faire couiner les rouages bien huilés de certains trafiquants. D'un côté, le rouage ne s'attendait pas à couiner comme je crois que, avec mes associés, mes collaborateurs, mes amis, je l'ai fait couiner ; de l'autre, le couinement qu'il a émis ne l'a pas empêché de continuer à fonctionner sur le moyen terme.

Partant, j'oscille entre la conscience d'un certain échec devant l'immuable et la conviction que, dans une certaine mesure, je peux être fier de ce que j'ai réalisé ou tenté, donc que l'espoir n'est pas disqualifié. Sans jamais tirer un profit personnel de notre lutte (au contraire !), je n'ai pas dévié. Je suis resté droit. Je n'ai pas pactisé. J'ai proposé, encore et encore. J'ai lutté. Je me suis planté. Relevé. Remis en question. J'ai évolué. J'ai appris. *In fine*, je n'ai pas de regret même si, aujourd'hui, je ne referais pas tout de la même manière.

Je connais trop les tentations d'un certain milieu associatif pour ne pas m'en méfier. L'argent, bien sûr, mais pas uniquement et pas obligatoirement. Un *ego* à flatter. Des fréquentations valorisantes. La gloriole de passages médiatiques. Autant d'occasions de se laisser amadouer, circonvenir, séduire par nos adversaires - bref, ne tournons pas autour du pot, autant de tentations de baisser son froc contre un petit plaisir, une petite satisfaction, un petit sentiment de réussite pour Bibi, pas pour la cause. Cette tentation est le cheval de Troie du trafic. Pas de meilleure proie pour les trafiquants que les personnalités ayant besoin d'être dans des commissions, des symposiums, des événements où, en côtoyant des gens dits « importants », ils ont l'impression d'être eux-mêmes importants… alors qu'on s'en fout, de leur pomme, ce qui compte, ce qui devrait compter, c'est la préservation de la biodiversité, de la nature, de l'environnement, bref du vivant sans qui nous mourrons tous.

J'entends, je lis, je sais que certains jasent, jacassent et médisent à mon sujet. Même si ça n'est pas plaisant en soi, je m'en tamponne le coquillard pour une raison fondamentale : à 55 ans, je peux dire que tout le boulot que j'ai abattu en faveur de la faune sauvage depuis trente-cinq bonnes années, je m'y suis astreint bénévolement. J'ai rédigé une vingtaine d'expertises judiciaires qui valaient bonbon, mais pour lesquelles je n'ai jamais réclamé un centime à la justice. C'était mon *guideline*, je le garde. Pour la défense de la faune sauvage, personne ne peut me reprocher d'avoir pris le moindre début d'euros. Peut-être cela contribue-t-il à nourrir des haines recuites que je sais avoir suscitées. J'ai la prétention inébranlable d'avoir servi l'intérêt général et de ne m'être jamais, jamais servi. Pas parce que je suis un saint : parce que la cause est belle, importante, essentielle. Elle vaut plus que moi. Elle vaut plus que nous en tant qu'individus. J'imagine que si cette conviction animait davantage les gros bonnets de certaines structures dites « de défense de l'environnement », la lutte pour la défense de la nature et contre le trafic de la faune sauvage serait beaucoup, beaucoup, beaucoup (j'arrête là) plus efficace. Et ça, ça ne dépend pas de l'État, ça ne dépend pas des trafiquants, ça dépend de chacun de nous.

L'érosion de la biodiversité entraîne des conséquences qui seront fatales à l'ensemble de l'humanité. Même si le travail qu'il reste à entreprendre pour faire machine arrière est colossal, inverser la vapeur est encore possible. À une condition : que l'homme se décide enfin à se soucier davantage de son pouvoir de vivre plutôt que de son pouvoir d'achat.

Principaux sigles cités

AFdPZ : association française des parcs zoologiques
BEP : brevet d'études professionnelles
BPI : banque publique d'investissement
BTSA GNP : brevet de technicien supérieur agricole en gestion et protection de la nature
CAP : certificat d'aptitude professionnelle
CERFA : formulaire officiel, compatible avec le Centre d'enregistrement et de révision des formulaires administratifs
CERZA : centre d'études et de reproduction zoologique augeron
CJIP : convention judiciaire d'intérêt public
CIC : certificat intracommunautaire
CITES : convention sur le commerce international des espèces de faune et de flore sauvages menacées d'extinction, autrement appelée Convention de Washington
CNPN : conseil national de protection de la nature
CRFS : centre de réhabilitation de la faune sauvage
DDCSPP : direction départementale de la cohésion sociale et de la protection des populations
DDETSPP : direction départementale de l'emploi, du travail, des solidarités et de la protection des populations
DDPP : direction départementale de la protection des populations
DREAL : direction régionale de l'environnement, de l'aménagement et du logement

DRIEAT : direction régionale et interdépartementale de l'environnement, de l'aménagement et des transports
EAZA : association européenne des zoos et des aquariums
EBE : excédent brut d'exploitation
EEE : espèce exotique envahissante
EEP : programme européen d'élevage
FDC : fédération des chasseurs
FNE : France nature environnement
IUCN : union internationale pour la conservation de la nature
LPO : ligue pour la protection des oiseaux
LVT : loisir, vacances, tourisme
MMA : mixed martial arts
OCLAESP : office central de lutte contre les atteintes à l'environnement et à la santé publique
OFB : office français de la biodiversité
ONCFS : office national de la chasse et de la faune sauvage
ONF : office national des forêts
OVC : objectif à valeur constitutionnelle
PACS : pacte civil de solidarité
PRE : pôle régional spécialisé en matière d'atteintes environnementales
PQR : presse quotidienne régionale
RNE : réseau national d'échouage
RTMMF : réseau tortues marines de Méditerranée française
SAASS : service d'assistance aux animaux sauvages saisis
SNPN : société nationale de protection de la nature
UFCS : union française des centres de sauvegarde de la faune sauvage
UMSOM : unité mobile de soins pour oiseaux mazoutés
WAZA : World Association of Zoos and Aquariums (association mondiale des zoos et aquariums)
WPT : World Parrot Trust
WWF : World Wild Fund for Nature (Fonds mondial pour la nature)

Remerciements

Un immense merci à tous les agents de l'Office national de la chasse et de la faune sauvage (ONCFS), devenu l'Office français de la biodiversité (OFB), de la Gendarmerie nationale, de la Douane parfois et hélas trop rarement des services vétérinaires pour leur implication dans cette mission d'intérêt général qu'est la protection de la biodiversité. Par leur travail, ils sont le grain de sable qui tente, jour après jour et à hauteur de leurs possibilités et de leurs moyens, de gripper cette machine infernale qu'est le trafic de la faune sauvage. Merci à eux pour leur confiance - parfois contre vents et marées -, et quels que soient les avis préconçus à mon sujet que l'on avait tenté de leur inculquer.

Merci à mes parents qui, malgré des inquiétudes légitimes, m'ont laissé prendre les directions que j'avais choisies et qui m'ont permis de m'épanouir professionnellement alors qu'ils avaient bien du mal, parfois, à en comprendre le sens.

Merci également et surtout à tous ceux qui, par leurs tentatives de blocage, leurs calomnies, leur traîtrise ont essayé, durant ces nombreuses années, de me stopper et de m'empêcher de mener à bien ma mission. Vous êtes sans doute la raison de ma réussite.

Vous restez la motivation sans laquelle j'aurais peut-être depuis longtemps laissé tomber.

Merci enfin à ma famille et à mes nombreux amis qui, de façon inconditionnelle, m'ont soutenu, encouragé, respecté, consolé parfois et surtout aimé. Vous êtes les batteries indispensables à mon énergie. Vous y avez cru quand j'envisageais de renoncer. Vous êtes mon soutien de toujours et, je l'espère, pour toujours.

Table des matières

Préface 7
Prélude 11
1. Des poussins dans le tiroir 19
2. La loi de la nature 25
3. Le rêve du flamant rose 31
4. Le perroquet de Bébel 41
5. *Erika, Prestige* et tous les autres 51
6. La loi des *lobbies* 59
7. Le blanchiment des flamants roses 67
8. La zizanie associative 73
9. Le coup de l'imprégnation 77
10. L'arnaque aux tortues 83
11. Le cauchemar des aras empoisonnés 93
12. La réintroduction impossible 99
13. L'espoir d'un autre zoo 105
14. Le ver est dans le fruit 113
15. Le Wildnapping d'un ours 121
16. La capture des amazones vineuses 125

17. Le poids de la plume 137
18. La puissance des zoos 147
19. L'illusion de la conservation 159
20. La pompe à oseille 167
21. L'aura du panda 171
22. La tête de l'éléphant 177
23. Un mariage contre-nature 185
24. Animaux saisis : le hold-up de l'industrie de la captivité 191
25. Rewild, une grande première mondiale 203
26. La priorité des panthères 209
27. Le biberon du lycaon 223
28. La promesse du pachyderme 229
29. Les troncs dans les roues 243
30. L'impossible réintroduction des tortues 245
31. La fortune des cadavres 251
32. Six mesures pour en finir 255
avec le trafic de la faune sauvage 255
Postlude 265
Principaux sigles cités 269
Remerciements 271
Table des matières 273

www.ingramcontent.com/pod-product-compliance
Lightning Source LLC
La Vergne TN
LVHW020927061026
849535LV00011B/3753